Aiswariya Selvaraj
Jeevarathinam Ganesan
Balakrishnan Murugesan

Imagem Térmica e sua Aplicação no Setor de Processamento Alimentar

Aiswariya Selvaraj
Jeevarathinam Ganesan
Balakrishnan Murugesan

Imagem Térmica e sua Aplicação no Setor de Processamento Alimentar

ScienciaScripts

Imprint

Cover image: www.ingimage.com

This book is a translation from the original published under ISBN 978-3-659-84747-9.

Publisher:
Sciencia Scripts
is a trademark of
Dodo Books Indian Ocean Ltd. and OmniScriptum S.R.L publishing group

120 High Road, East Finchley, London, N2 9ED, United Kingdom
Str. Armeneasca 28/1, office 1, Chisinau MD-2012, Republic of Moldova, Europe
Printed at: see last page
ISBN: 978-620-8-36188-4

ÍNDICE DE CONTEÚDOS

Capítulo 1

1. Introdução

Os processadores de alimentos estão cada vez mais a investigar tecnologias novas e inovadoras para a caraterização da qualidade e segurança dos alimentos. A TI ou termografia de infravermelhos (IR) é uma técnica de diagnóstico bidimensional, sem contacto, para medir a temperatura da superfície dos materiais, que pode ser utilizada de forma útil na avaliação não destrutiva da qualidade (Giorleo & Meola, 2002). O potencial desta técnica foi demonstrado pela primeira vez há cerca de 50 anos, no entanto, os primeiros estudos de TI foram limitados devido à fraca sensibilidade dos sistemas de TI disponíveis. Os avanços tecnológicos levaram à utilização crescente da TI como ferramenta de diagnóstico, registando imagens espacialmente resolvidas das temperaturas da superfície (Ng, 2009). O TI é amplamente utilizado em aplicações de vigilância e foi originalmente concebido para uso militar dos EUA em visão nocturna.

No entanto, com o avanço das ferramentas analíticas computorizadas com imagens digitalizadas de alta resolução, encontrou aplicação em vários outros domínios, incluindo a medicina, a ciência dos materiais e a segurança contra incêndios (Amon, Hamins, Bryner, & Rowe, 2008). Permite a deteção de pessoas ou objectos cuja temperatura superficial é distinguível da dos objectos de fundo (Frater&Arnold, 2000). Nas ciências médicas, a termografia demonstrou ser um método útil para analisar padrões de mudança de temperatura, que podem ajudar a localizar áreas de produção máxima de calor (McCullagh, Setchell, Gulabivala, Hussey, & Biagioni, 2000). A TI quantifica as mudanças na temperatura da superfície com uma resolução temporal e espacial elevada em comparação com as medições de um único ponto, como no caso de outros métodos de contacto (por exemplo, termopares, termómetros).

As técnicas de avaliação não destrutiva fornecem informações sobre as propriedades do produto, tais como descontinuidades e separações; estrutura; dimensões e metrologia; propriedades físicas e mecânicas; composição e análise química; tensão e resposta dinâmica; análise de assinaturas e fontes anormais de calor (Giorleo & Meola, 2002). O quadro 1 compara as principais caraterísticas do TI com outras técnicas não destrutivas importantes. Os sistemas de TI são adequados para uma vasta gama de aplicações devido à sua portabilidade, imagem em tempo real, capacidade de medição da temperatura não invasiva e sem contacto. Podem também ser aplicados a sistemas alimentares reais sem qualquer alteração (Nott&Hall, 1999).

O mapeamento da temperatura, em que se obtêm padrões de distribuição espacial e temporal da temperatura de um objeto, tem potencial aplicação na garantia da qualidade dos produtos alimentares, na caraterização da segurança e no cumprimento da autenticidade. A crescente procura de objetividade, consistência e eficiência na indústria alimentar tornou necessária a introdução de técnicas de processamento de imagem baseadas em computador (Du & Sun, 2004).

2. Princípio da imagem térmica

Todos os materiais que estão acima de 0 graus Kelvin (-273 graus C) emitem energia infravermelha. A energia infravermelha emitida pelo objeto medido é convertida num sinal elétrico pelo sensor de imagem (microbolómetro) na câmara e apresentada num monitor como uma imagem térmica a cores ou monocromática. O princípio básico é explicado da seguinte forma:

2.1 Radiação infravermelha

Os raios infravermelhos são uma forma de radiação electromagnética, tal como as ondas de rádio, as micro-ondas, os raios ultravioleta, a luz visível, os raios X e os raios gama. Todas estas formas, que coletivamente constituem o espetro eletromagnético, são semelhantes na medida em que emitem energia sob a forma de ondas electromagnéticas que viajam à velocidade da luz. A principal diferença entre cada "banda" do espetro está no seu comprimento de onda, que se correlaciona com a quantidade de energia que as ondas transportam. Por exemplo, enquanto os raios gama têm comprimentos de onda milhões de vezes menores do que os da luz visível, as ondas de rádio têm comprimentos de onda milhares de milhões de vezes maiores do que os da luz visível.

O comprimento de onda da "banda" de radiação infravermelha é de 0,78 a 1000pm (micrómetros). É mais longo do que o comprimento de onda da luz visível, mas mais curto do que o das ondas de rádio. Os comprimentos de onda da radiação infravermelha são classificados desde o infravermelho próximo até ao infravermelho distante.

2.2 Emissividade

A radiação infravermelha é a energia irradiada pelo movimento de átomos e moléculas na superfície de um objeto, quando a temperatura do objeto é superior ao zero absoluto. A intensidade da emissão é uma função da temperatura do material. Por outras palavras, quanto maior for a temperatura, maior será a intensidade da energia infravermelha emitida. Para além de emitirem energia infravermelha, os materiais também reflectem infravermelhos, absorvem infravermelhos e, em alguns casos, transmitem infravermelhos. Quando a temperatura do material é igual à do meio envolvente, a quantidade de radiação térmica absorvida pelo objeto é igual à quantidade emitida pelo objeto.

A figura acima mostra os três modos pelos quais a energia radiante que atinge um objeto pode ser dissipada. Estes modos de dissipação são: As fracções da energia radiante total, que estão associadas a cada um dos modos de dissipação acima referidos, são designadas por absortividade (a), transmissividade (t) e refletividade (r) do corpo. De acordo com a teoria da conservação da energia, a medida em que os materiais reflectem, absorvem e transmitem a energia IV é conhecida como a emissividade do material.

A TI é um sistema não destrutivo e sem contacto de registo da temperatura através da medição da radiação infravermelha emitida pela superfície de um corpo (Arora et al., 2008). A termografia utiliza a radiação emitida para produzir uma pseudo-imagem da distribuição térmica da superfície de um corpo. Na termografia, um grande número de temperaturas pontuais é medido numa área e processado para formar um mapa térmico ou termograma da superfície alvo. A termografia com elevada resolução espacial é uma ferramenta poderosa para analisar e visualizar alvos com gradientes térmicos. A velocidade de aquisição de imagens da abordagem pode ser elevada, por exemplo, 50-60 imagens por segundo, o que a torna especialmente adequada para explorar condições térmicas que mudam rapidamente (Rahkonen & Jokela, 2003).

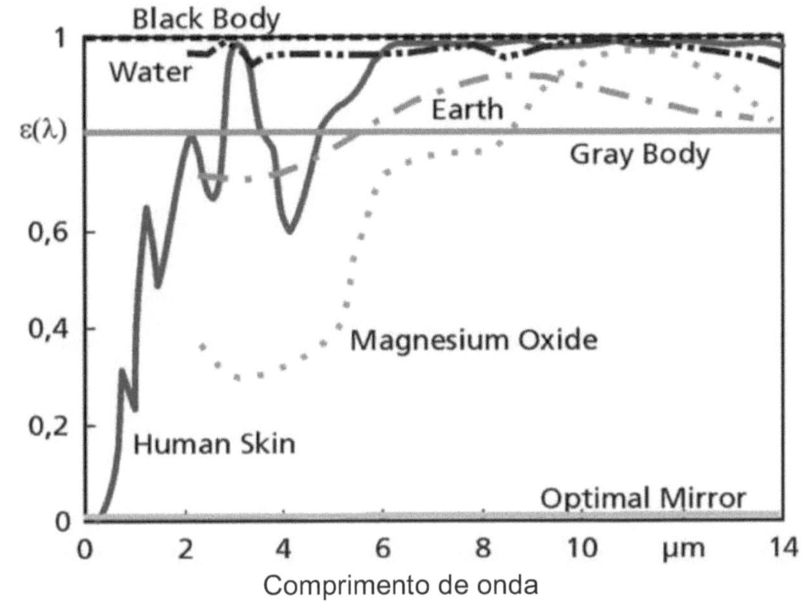

Fig.2.1. Emissividade de diferentes materiais em função do comprimento de onda.

O princípio básico da imagem térmica baseia-se no facto de todos os materiais emitirem radiação infravermelha. O infravermelho é uma banda de luz invisível que se encontra no espetro eletromagnético na região de comprimento de onda de 0,75-100 mm; esta região inclui as regiões do infravermelho próximo (0,75-2,5 mm), de onda curta (1,4-3 mm), médio (3-8 mm), de onda longa (>8 mm) e extremo (15-100 mm). Esta subdivisão da região infravermelha baseia-se em janelas de transmissão em que a atmosfera é largamente transparente à radiação infravermelha. Os sistemas de imagem térmica podem detetar radiação desde as ondas curtas até às ondas longas do infravermelho. Os sistemas típicos de ondas longas do infravermelho apresentam uma sensibilidade máxima à temperatura ambiente, enquanto que os sistemas de infravermelhos de onda média apresentam uma sensibilidade máxima a temperaturas muito mais elevadas (por exemplo, 4000C), o que pode ser preferível em algumas aplicações da indústria alimentar.

Também existem sistemas de imagiologia NIR, mas estes sistemas medem a radiação difusa reflectida em vez da radiação emitida. A quantidade de radiação emitida por um objeto depende da sua temperatura e emissividade (ϵ). A emissividade, definida como a relação entre a energia emitida por um objeto e a de um corpo negro à mesma temperatura, pode variar entre 0 (corpo branco perfeito) e 1 (corpo negro perfeito). Nas câmaras de TI, a energia infravermelha emitida por um objeto medido é convertida num sinal elétrico através de detectores de IV (por exemplo, matrizes de plano focal, microbolómetros) na câmara e apresentada como uma imagem térmica a cores ou monocromática. A temperatura da superfície do corpo é estimada com base na energia infravermelha emitida pelo mesmo.

A distribuição da intensidade (I, Jm_2) da energia emitida por um corpo baseia-se na lei de distribuição de Planck, para um determinado comprimento de onda (l, m) e temperatura (T, K).

12

$$I(\lambda, T) = \left(\frac{8\pi hc}{\lambda^5}\right)\left(e^{hc/k\lambda T} - 1\right)^{-1}$$

2.3 Radiação de corpo negro

A emissividade de um corpo é definida formalmente pela equação abaixo como a razão entre a energia radiante emitida pelo corpo e a radiação que seria emitida por um corpo negro à mesma temperatura. Se toda a energia que incide sobre um objeto fosse absorvida (sem transmissão ou reflexão), a absortividade seria igual a 1. A uma temperatura constante, toda a energia absorvida poderia ser re-radiada (emitida), de modo que a emissividade de tal corpo seria igual a 1. Portanto, num corpo negro,

absorvência = emissividade = 1

Na prática, os objectos da vida real não se comportam exatamente como este ideal, mas como descrito com a transmissividade e a refletividade, absorvência + transmissividade + refletividade = 1

Dado que a imagem térmica funciona com uma largura de banda limitada, a equação de Stefane-Boltzmann não é aplicável, devendo ser utilizada a lei de Planck (Rahkonen & Jokela, 2003). A integração numérica da lei de Planck para uma gama de comprimentos de onda de 8-12 mm e uma gama de temperaturas de 290-360 K é dada por

$$W_{8-12\mu m} = \sigma^* T^{4.5}$$

onde s* é uma constante análoga a s. O corpo negro perfeito (3 % 1) é uma aproximação teórica; em situações práticas, os objectos irradiam, absorvem e transmitem diferentes porções da energia incidente, dependendo do seu comprimento de onda e ângulo de incidência. A soma da absorvância espetral, da reflectância espetral e da transmitância espetral é igual a 1. Isto complica ainda mais a interpretação de uma imagem térmica, uma vez que o sinal detectado por uma câmara TI será tipicamente uma combinação de energia irradiada, absorvida e transmitida pelos corpos circundantes. As condições atmosféricas, tais como as alterações da temperatura ambiente e da humidade relativa, podem também influenciar o sinal adquirido pela câmara térmica. Consequentemente, é difícil estimar corretamente a temperatura de um corpo com base no seu termograma.

Vários investigadores propuseram quadros teóricos para a obtenção de perfis de temperatura em tempo real a partir de imagens térmicas. Um exemplo é dado por Bulanon, Burks e Alchanatis (2008) que utilizaram a variação térmica temporal numa copa de citrinos como uma abordagem potencial para melhorar a deteção de frutos para a colheita de laranjas. Os autores referiram que a radiação total (ET), recebida pela câmara, pode ser expressa como:

$$E_T = \varepsilon E_C + (1 - \varepsilon)E_R + (1 - \tau)E_A$$

em que EC é a radiação emitida pela copa das árvores (frutos, folhas e ramos), ER é a radiação do ambiente que é reflectida pela copa das árvores, 3 é a emissividade da cobertura, EA é a radiação emitida pelo ambiente circundante e t é a transmitância do ambiente circundante.

Rahkonen e Jokela (2003) utilizaram um banho de água bem agitado (450C) como material de referência, sendo a emissividade da água (comprimento de onda de 8-12 mm) de 0,98. O nível de radiação de fundo foi medido utilizando uma folha de alumínio inserida perto da superfície da água como refletor e foram medidos os níveis de radiação de uma superfície de referência e de uma folha cuidadosamente baixada para flutuar na água. Rahkonen e Jokela (2003) utilizaram para calcular a emissividade de uma folha.

$$\varepsilon_t = \frac{(R_t - R_b)}{(R_r - R_b)} \times \varepsilon_r$$

Onde e_t é a emissividade do alvo (folha); Rt, Rb, Rr é a radiação emitida pelo alvo, pelo fundo e pela referência, respetivamente; e_r é a emissividade da referência. As imagens térmicas podem ser obtidas utilizando sistemas de TI passivos ou activos.

A termografia passiva refere-se à obtenção de imagens térmicas sem aplicar qualquer energia externa ao alvo; a informação térmica obtida no modo passivo descreve em grande medida as propriedades térmicas da superfície. Este modo é útil para a medição sem contacto da temperatura dos alimentos durante o processamento. A termografia ativa requer a aplicação de energia térmica ao alvo, por exemplo, um aquecimento ou arrefecimento rápido antes da obtenção de imagens. Este tipo de termografia pode ser utilizado para detetar defeitos superficiais e sub-superficiais nos alimentos que são realçados na imagem térmica devido às diferentes taxas de decaimento térmico. Existem numerosas técnicas para gerar energia térmica na termografia ativa, incluindo as seguintes (Maldague, Galmiche, & Ziadi, 2002).

3. Tipos de termografia

3.1 Termografia de pulso

A termografia por impulsos requer a aplicação de um impulso de energia de curta duração a um alvo (por exemplo, lâmpada de flash, raio laser) para perturbar o equilíbrio térmico dentro do material. A câmara térmica obtém imagens sequenciais do objeto em intervalos de tempo predefinidos após a aplicação do impulso, permitindo assim a monitorização do decaimento térmico no interior do objeto a partir da resposta térmica reflectida. A pilha resultante de imagens de séries temporais pode ser analisada como um cubo de dados em que cada pixel descreve a resposta temporal da região correspondente no objeto ao impulso aplicado. As áreas locais com propriedades térmicas diferentes (por exemplo, defeitos sub-superficiais) alterarão a velocidade do fluxo de calor no interior do objeto e apresentarão taxas diferentes de decaimento térmico em comparação com a sua envolvente.

A duração do impulso pode variar de milissegundos a segundos, dependendo das caraterísticas do objeto de interesse (tamanho e composição). Este método pode resultar em temperaturas superficiais iniciais elevadas, ao passo que o método de bloqueio distribui a energia durante um período de tempo mais longo no interior da amostra, o que pode ser preferível, dependendo da composição da amostra. Trata-se de um método rápido de análise qualitativa, mas a sua capacidade de deteção de defeitos pode ser afetada negativamente por caraterísticas da resposta térmica causadas por factores externos, tais como a emissividade IV não uniforme, a interferência de objectos de fundo e a geometria da superfície.

3.2 Termografia de bloqueio

A termografia Lock-in, também conhecida como 'Termografia Modulada', envolve a aplicação de energia térmica variável sinusoidal a um alvo, de modo a gerar ondas térmicas e, assim, excitar o fluxo de calor dentro do material. A câmara térmica monitoriza a amostra durante a excitação modulada, medindo assim o campo de temperatura oscilante resultante. A excitação térmica pode ser aplicada utilizando uma fonte de luz com variação sinusoidal (por exemplo, lâmpada de halogéneo, raio laser); este método é conhecido como 'termografia lock-in opticamente excitada'. Podem também ser utilizadas ondas ultra-sónicas para a excitação.

A profundidade de penetração da energia térmica aplicada depende da frequência de modulação aplicada. A análise da resposta térmica é normalmente efectuada no domínio da frequência e pode ser utilizada para estimar a profundidade e o tipo de falha. A análise de Fourier é normalmente aplicada ao nível do pixel para estimar o ângulo de fase entre a energia aplicada e a resposta térmica local. Uma vantagem desta técnica é que a imagem de fase é relativamente insensível aos efeitos locais da superfície devido à absorção não homogénea, à emissão de IV e à iluminação.

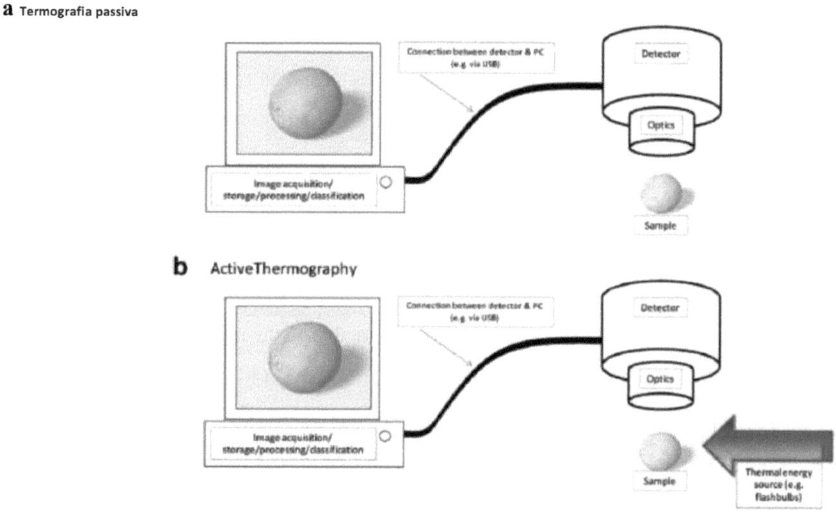

Fig.3.1. Componentes do sistema de imagem térmica, em que 'ótica' representa a configuração ótica do sistema (por exemplo, lentes de focagem, lentes de colimação, filtros) e 'detetor' representa uma matriz plana de sensores (por exemplo, microbolómetros).

3.3 Termografia de fase pulsada

A termografia de fase pulsada combina caraterísticas da termografia lock-in e da termografia de impulsos. O impulso térmico aplicado na termografia por impulsos pode ser decomposto em componentes sinusoidais. As imagens sequenciais obtidas em experiências de termografia por impulsos podem assim ser decompostas em imagens de amplitude e de fase utilizando a transformação de Fourier. As vantagens desta técnica incluem: sondagem profunda, resolução de forma melhorada, aquisição rápida de imagens e baixa sensibilidade ao infravermelho superficial e às inomogeneidades ópticas.

3.4 Vibrotermografia

A vibrotermografia utiliza ondas sónicas para transmitir energia à superfície do alvo.

Defeitos como fissuras e inclusões no interior de um alvo ressoam à frequência sónica aplicada, resultando num aquecimento localizado. Uma caraterística vantajosa desta técnica, em comparação com outros métodos de termografia ativa, é que a maior parte da amostra não é aquecida; por conseguinte, o contraste entre as falhas e o material circundante é aumentado (Shepard, Ahmed, & Lhota, 2004).

4. Sistemas de imagem térmica

Os sistemas de imagem térmica contêm normalmente os seguintes componentes: câmara, um sistema ótico (por exemplo, lentes de focagem, lentes de colimação, filtros), conjunto de detectores (por exemplo, microbolómetros), processamento de sinal, sistema de processamento de imagem, como se mostra na Fig. 1. Ao contrário da imagem multi- e hiperespectral, a imagem térmica não requer uma fonte de iluminação; no entanto, os sistemas integrados para medições de termografia ativa (também conhecidos como termografia pulsada ou sistemas de imagem de ondas térmicas) incorporam uma unidade de aquecimento ou arrefecimento para fornecer um diferencial térmico. Os detectores de TI funcionam segundo o princípio de que, quando aquecidos pela radiação infravermelha recebida, a sua temperatura aumenta e as alterações de temperatura são medidas por qualquer mecanismo dependente da temperatura, como a tensão termoeléctrica, a resistência ou a tensão piroeléctrica (Rogalski, 2003).

O microbolómetro é um detetor sensível à radiação infravermelha que funciona como um transístor de película fina (TFT). O sistema de câmara TI converte a radiação emitida por uma amostra numa banda de onda específica (por exemplo, 8e12 mm) num sinal elétrico que é depois processado numa imagem. A imagem obtida é uma matriz de muitos níveis de cor, cada um dos quais indica uma determinada temperatura; assim, a imagem mostra o perfil de temperatura da amostra. A imagem térmica pode ser associada a um software informático para uma melhor interpretação. A diferença de temperatura equivalente ao ruído (NETD) é uma medida da sensibilidade de um detetor que mede a diferença mínima de temperatura mensurável como limitada pelo ruído (Norman, 1998).

As câmaras de infravermelhos com deteção de fotões arrefecidos que utilizam materiais como o HgCdTe (LWIR ou MWIR) têm NETD até <30 mK (Gerlach, 2006). Os sistemas de imagem térmica comuns têm-se centrado principalmente em duas gamas de comprimentos de onda: 3-5 mm de comprimento de onda médio IR (MWIR) e 8-14 mm de comprimento de onda longo IR (LWIR). Sabe-se que os objectos a alta temperatura têm um pico de radiação em comprimentos de onda curtos em comparação com os objectos à temperatura ambiente, que emitem em bandas de comprimento de onda mais longas. A seleção da gama de comprimentos de onda depende da gama de temperaturas (Rogalski, 2003) e, consequentemente, para aplicações alimentares, utiliza-se normalmente o LWIR.

Os critérios de seleção da banda baseiam-se em vários factores, incluindo a distância de funcionamento, o funcionamento em interiores e exteriores, a temperatura e a emissividade dos corpos de interesse. A termografia obtida pode ser posteriormente analisada utilizando uma vasta gama de técnicas de processamento de imagem. A escolha da técnica de processamento de imagem depende em grande medida da utilização final prevista para o sistema. Uma técnica de processamento fiável deve facilitar a redução da dependência do operador, conduzindo a uma maior precisão e objetividade. Os ambientes industriais típicos exigem velocidades de processamento rápidas e, por conseguinte, podem ser preferidos algoritmos simples; nas fases de investigação, podem ser explorados métodos mais sofisticados.

4.1 Processamento de imagens térmicas

O processamento da imagem é efectuado para melhorar o contraste na TI e realçar as áreas de interesse na imagem. A escala de cinzentos ou o mapeamento de cores com escala de intensidade é normalmente utilizado para apresentar o contraste de composição entre os pixéis de uma imagem. Muitas câmaras termográficas disponíveis no mercado estão equipadas com algoritmos pré-programados para estimar a temperatura de objectos dentro do campo de visão da câmara. Isto é útil em muitas aplicações de termografia passiva, com precisões de temperatura típicas de - 20C. No entanto, pode ser desejável continuar a processar as imagens térmicas obtidas, especialmente em muitas aplicações de termografia ativa.

A natureza dinâmica da termografia ativa aumenta a carga de dados e, por conseguinte, os requisitos computacionais da metodologia de processamento de imagem escolhida. Tal como acontece com o processamento convencional de imagens, existe uma grande variedade de ferramentas disponíveis para a análise de TI. É importante avaliar os méritos relativos das técnicas de processamento de imagem disponíveis ao desenvolver um sistema de imagem térmica para uma utilização final específica. Alguns índices de desempenho comuns incluem: exatidão da classificação, precisão, tempo de processamento, complexidade do modelo e facilidade de transferência para novos sistemas TI (ou seja, transferência de calibração). A importância relativa de cada atributo de desempenho será geralmente específica da aplicação. O processamento de imagens térmicas é normalmente um processo iterativo; os passos típicos que podem ser seguidos são os seguintes.

4.2 Pré-processamento de imagens

O pré-processamento é normalmente efectuado para remover informações estranhas da imagem térmica e preparar os dados para processamento posterior. As etapas de processamento pré utilizadas em TI incluem: correção de pixéis mortos, redução de ruído, filtragem de imagem e desfoque (Valdes, Inamura, Valera, & Lu, 2006). Outras operações normalmente efectuadas na fase de pré-processamento incluem a limiarização e o mascaramento para remover a informação de fundo redundante da imagem.

4.3 Análise de imagens

O histograma do TI pré-processado fornece informações valiosas sobre as caraterísticas estatísticas de primeira ordem da imagem, incluindo o valor médio do pixel, o desvio padrão, a inclinação, a curtose e a entropia. Esta informação pode ser utilizada para identificar regiões de interesse numa imagem (por exemplo, utilizando a limiarização baseada no histograma). As caraterísticas de segunda ordem podem ser obtidas a partir da matriz de coocorrência de níveis de cinzento (GLCM) da imagem, que mede a frequência de pixéis com quaisquer dois níveis de cinzento a diferentes distâncias um do outro.

As estatísticas de segunda ordem derivadas do GLCM, como o contraste, a correlação, a energia e a homogeneidade, fornecem informações adicionais sobre a distribuição espacial dos níveis de cinzento na imagem. Estas estatísticas de primeira e segunda ordem são frequentemente utilizadas na análise de termografias passivas. A diferenciação estatística, em que os valores dos pixels são escalados de acordo com o desvio padrão dos seus vizinhos, é também utilizada para melhorar o contraste (Wiecek, 2005).

4.4 Classificação de imagens

A classificação de dados de imagens térmicas visa identificar regiões ou objectos com caraterísticas específicas (por exemplo, material a granel, defeitos) utilizando a informação contida na TI. Numerosas técnicas de extração de dados supervisionadas e não supervisionadas, que têm sido aplicadas ao processamento de imagens a cores, multiespectrais e hiperespectrais, são também aplicáveis ao processamento de imagens térmicas. Os métodos de classificação não supervisionados não requerem qualquer informação prévia sobre o conjunto de dados e podem ser ferramentas exploratórias úteis para extrair caraterísticas importantes das TI's, especialmente quando o alvo não está bem definido.

Vários métodos não supervisionados, incluindo a análise de componentes principais (Marinetti et al., 2004), o agrupamento de vizinhos mais próximos (k-nearest neighbours) e o agrupamento hierárquico, podem ser aplicados nos domínios temporal ou espacial para obter a classificação. Estes métodos são particularmente úteis na análise de amostras de composição desconhecida, permitindo a identificação de caraterísticas temporais e espaciais de cada amostra.

semelhanças dentro ou entre imagens que podem ser utilizadas para a sua caraterização.

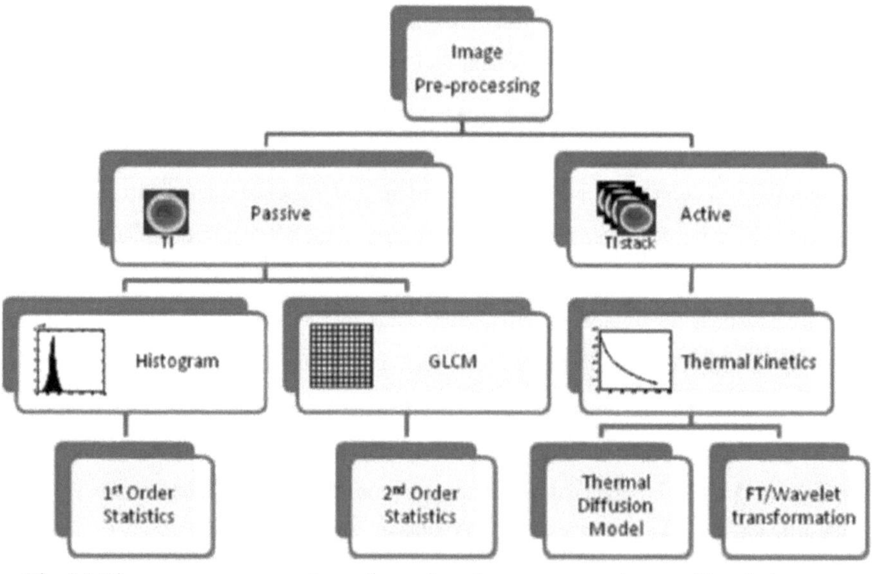

Fig.4.1 Fluxograma que mostra o fluxo de pré-processamento e análise de imagens representativas para imagens térmicas passivas e activas.

As técnicas supervisionadas, como os mínimos quadrados parciais (PLS), a análise discriminante linear (LDA), a análise discriminante de Fisher (FDA) e as redes neuronais artificiais (ANN), requerem conhecimentos prévios sobre os dados e a seleção de conjuntos de calibração e de formação bem definidos e representativos para a otimização da classificação. Os conjuntos de treino podem ser selecionados a partir de conjuntos de dados separados de amostras bem caracterizadas com composição conhecida. Outra abordagem envolve a seleção de conjuntos de treino a partir de áreas identificadas pelas análises não supervisionadas como contendo um componente específico; a combinação de métodos não supervisionados e supervisionados desta forma fornece um meio de localizar componentes constituintes sem um conhecimento prévio da amostra (Geladi & Grahn, 1996).

5. Aplicações da imagem térmica nos alimentos

5.1. Monitorização e validação da temperatura em aplicações alimentares

A imagem térmica é reconhecida como uma importante tecnologia de deteção para a deteção, monitorização e diagnóstico em aplicações médicas e militares. No entanto, nos últimos anos, a imagem térmica encontrou aplicações noutros sistemas biológicos, incluindo a agricultura (Alchanatis et al., 2006; Chaerle & Van der Straeten, 2000; Lamprecht, Schmolz, Blanco, & Romero, 2002; Stajnko, Lakota, & Hocevar, 2004; Sugiura, Noguchi, & Ishii, 2007; Oerke, Steiner, Dehne, & Lindenthal, 2006). Uma revisão por Manickavasagan, Jayas, White, e Paliwal (2005) indicou as aplicações da imagem térmica em práticas agrícolas. Recentemente, a imagem térmica encontrou aplicações em várias aplicações de processamento de alimentos, incluindo monitorização de processos, desenvolvimento de produtos e análise de armazenamento.

O controlo e a monitorização da temperatura no processo de fabrico de alimentos são fundamentais para garantir a qualidade do produto durante os processos (por exemplo, cozedura, pasteurização, processos de esterilização) e a manutenção da integridade da cadeia de frio durante a distribuição dos produtos ao longo da produção, transporte, armazenamento e venda. O aquecimento de muitos alimentos é essencial para a palatabilidade, segurança alimentar e prazo de validade. Geralmente, o processamento térmico, incluindo a pasteurização e a esterilização, causa frequentemente um sobreaquecimento que resulta na perda de qualidade do produto (Nott & Hall, 1999). Tradicionalmente, a monitorização da temperatura na indústria alimentar tem-se baseado em métodos de contacto, tais como termopares, termómetros e termistores, que fornecem informações limitadas (Nott & Hall, 1999).

Do mesmo modo, na indústria alimentar, os métodos sem contacto e as técnicas de mapeamento da temperatura estão a tornar-se populares devido às resoluções temporais e espaciais mais elevadas que podem ser obtidas (Manickavasagan et al., 2005). As vantagens potenciais da TI em relação aos testes de amostragem invasivos com termómetros convencionais incluem a alta velocidade, a análise não invasiva e a prevenção da contaminação cruzada (Ibarra, Tao, Walker, & Griffis, 1999). A aplicação de técnicas de TI em linhas de cozedura ajudaria a cumprir os regulamentos de segurança alimentar para alimentos prontos a consumir, mantendo simultaneamente a qualidade do produto (Ibarra, Tao, & Xin, 2000). Goedeken, Tong, e Lentz (1991) relataram a utilização de TI na gama espetral de 8-12 mm para monitorizar a temperatura da superfície de produtos alimentares cozinhados num forno de micro-ondas.

A TI tem sido utilizada para facilitar ciclos controlados de aquecimento e arrefecimento na superfície de amostras de alimentos (Foster, Ketteringham, Purnell et al., 2006; Foster, Ketteringham, Swain et al., 2006). Ibarra et al. (1999) estimaram a temperatura interna da carne de frango imediatamente após a cozedura utilizando a TI numa gama espetral de 3,4-5,0 mm. Desenvolveram um modelo estatístico para expressar a temperatura interna de amostras de músculo do peito de frango em termos da temperatura externa e do tempo, observando uma precisão de -1,220C para tempos de arrefecimento entre 0 e 450 s, e uma precisão de -0,550C imediatamente após a cozedura.

Este estudo mostra o potencial da TI para a determinação em tempo real da temperatura interna da carne de frango cozinhada em linhas industriais, para verificar se a temperatura final mínima foi atingida. A energia de micro-ondas é utilizada em várias aplicações alimentares, incluindo aquecimento, branqueamento, cozedura, secagem, descongelação, cozedura, pasteurização e esterilização. A imagem térmica tem sido utilizada para mapear as distribuições de temperatura induzidas pelo aquecimento de alimentos por micro-ondas. Varith et al. (2007) demonstraram a aplicação da imagem térmica para a conceção de fornos micro-ondas como parte de um processo de secagem.

Do mesmo modo, Vadivambal, Jayas, Chelladurai e White (2007) utilizaram imagens térmicas para determinar pontos quentes e frios durante o aquecimento por micro-ondas de centeio e aveia. Bows et al. (1999) utilizaram imagens térmicas para classificar o padrão de aquecimento por micro-ondas em várias formulações alimentares. Da mesma forma, Goedeken et al. (1991) desenvolveram um método para a medição contínua da temperatura da superfície dos alimentos num forno micro-ondas durante o aquecimento. As câmaras de imagem térmica podem registar continuamente os termogramas e a estimativa pode ser feita num tapete rolante (Ibarra et al., 2000). Fito, Ortola', De los Reyes, Fito, e De los Reyes, (2004) utilizaram imagens térmicas para modelar a cinética de desidratação através da medição da distribuição da temperatura de citrinos durante a secagem. Isto pode ser utilizado para determinar o ponto de secagem final e também para desenvolver um sistema de controlo em linha. A aplicação de imagens térmicas pode melhorar o consumo de calor e o controlo da qualidade dos frutos (Fito et al., 2004).

Para além da monitorização e validação da temperatura, a TI é utilizada na indústria alimentar para monitorizar a eficiência dos sistemas de aquecimento, ventilação, ar condicionado e refrigeração. Burfoot, Brown, Xu, Reavell, e Hall (2000) mostraram que a imagem térmica pode ser usada para rastrear a entrada de ar potencialmente contaminado para reduzir a contaminação dos alimentos pelo ar.

Tabela 5.1: Aplicações alimentares da imagem térmica.

S.N.	Alimentação Produto	Aplicação	Referência
1	Galinha	Imagiologia IR combinada - método neural Temperatura interna da carne imediatamente após a cozedura	Ibarra et al.(2000)
2	Simulador alimentar	Ciclos de aquecimento e arrefecimento controlados na superfície de amostras de alimentos	Foster, ketteringham, purnell et al.(2006), Foster, ketteringham, swain et al.(2006),

3	Grão de trigo	Deteção de infestações por seis estádios de desenvolvimento (quatro instares larvares, pupas e adultos) de cryptolestes ferrugineus no interior de grãos de trigo	Manickavasagam et al.(2008c)
4	Apple	Deteção de contusões em maçãs durante a transferência de calor por convecção [illegible]	Varith et al.(2003)
5	Apple	Análise da qualidade da superfície da maçã	Veraverbeke et al.(2006)
6	Tomate	Danos por contusões (pontos fracos)	Van Linden et al.(2003)
7	Batata Couve-flor	Nucleação do gelo e congelação de plantas	Fuller e Wisniewski (1998)
8	Trigo	Identificação da classe de trigo	Manickavasagam et al.(2008a ,2008b)
9	Carne	Defeitos de qualidade da carne de suíno Defeitos na linha de abate Avaliação da qualidade da carne de suíno e [illegible]	Gariepy, Amiot, e Nadai (1989) Costa et al.(2007)
10	Noz	Distribuição da temperatura à superfície durante o tratamento por radiofrequência dos miolos de noz	Wang et al.(2006)
11	Secagem de citrinos	Determinação do tempo de secagem dos citrinos	Fito et al.(2004)

5.2 Qualidade pós-colheita

As frutas e os produtos hortícolas danificados mecanicamente resultam em perdas económicas significativas para os transformadores de alimentos, devido a um aspeto deficiente, a uma maior contaminação microbiana e a um amadurecimento acelerado (Varith, Hyde, Baritelle, Fellman, & Sattabongkot, 2003). Com o avanço da tecnologia de imagem, é possível a deteção em linha de contusões subtis em frutas e produtos hortícolas. Foram comunicados métodos não destrutivos de deteção de danos causados por pisaduras em frutos utilizando tecnologias de imagem, incluindo a imagem hiperespectral (Gowen, O'Donnell, Cullen, Downey, & Frias, 2007; Ueno, Shu, & Takahashi, 2008; Zhao, Liu, Chen, & Vittayapadung, 2008).

A imagem térmica também mostra potencial para a quantificação objetiva de danos causados por contusões em frutas e legumes. A primeira aplicação da termografia como uma potencial técnica alternativa para a deteção de contusões em maçãs foi relatada por Danno, Miyazato e Ishiguro (1980). Estes autores monitorizaram maçãs pisadas sob alterações de temperatura através de convecção natural. Num estudo semelhante, Varith et al. (2003) utilizaram a TI para detetar pisaduras em maçãs, observando uma deteção de 100% de pisaduras em maçãs Fuji e McIntosh armazenadas a 3^0 C e aquecidas ao ar a 260C em 180 s. As diferenças na resposta da temperatura entre o tecido pisado e o tecido são foram atribuídas a diferenças de propriedades térmicas.

Varith et al. (2003) concluíram que a deteção de pisaduras se devia principalmente à variação da difusividade térmica e não a diferenças de emissividade térmica, uma vez que não observaram diferenças de temperatura entre o tecido pisado e o tecido são em condições de estado estacionário. A Fig. 3 mostra a variação de temperatura nos tecidos sãos e pisados das maçãs Red Delicious. Varith et al. (2003) referiram que os tecidos danificados por pisaduras eram 1 a 2^0 C mais frios do que os tecidos sãos, provavelmente devido ao facto de as pisaduras aquecerem mais lentamente do que os tecidos sãos, o que implica que a era mais elevado nos tecidos pisados do que nos tecidos sãos. Com um a mais elevado, as nódoas negras podem transferir o calor do exterior da maçã para o tecido interior sadio mais rapidamente do que o tecido sadio circundante, o que resulta numa temperatura superficial mais baixa no tecido magoado do que no tecido sadio.

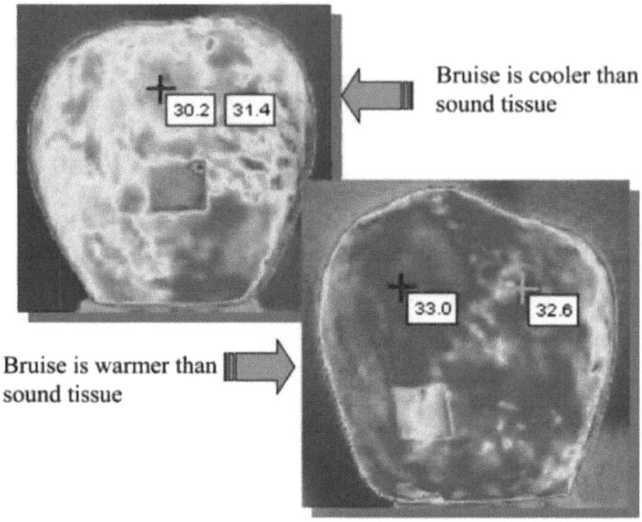

Fig. 5.1. Variação da temperatura do tecido pisado e dos tecidos sãos em maçãs Red Delicious (a imagem superior esquerda mostra que o tecido pisado é mais frio do que os tecidos sãos, enquanto a imagem inferior mostra a tendência oposta) (Varith et al., 2003).

Veraverbeke et al. (2006) mostraram o potencial da imagem térmica para a análise da qualidade da superfície das maçãs. Monitorizaram a taxa de arrefecimento e a temperatura da superfície das maçãs em relação à qualidade da superfície e à estrutura da camada de cera antes e durante o armazenamento. Detectaram uma diferença significativa na taxa de arrefecimento entre as cultivares de maçã (Elshof e Jonagored), em relação à estrutura da cera. No entanto, não detectaram diferenças durante o armazenamento. Mais recentemente, Baranowski, Lipecki, Mazurek e Walczak (2008) utilizaram a TI para a deteção de watercore em maçãs. Este defeito interno manifesta-se como tecido translúcido no interior da maçã.

As amostras de frutos foram visualizadas com um gradiente de temperatura de 18,50C, retirando-as do armazenamento a frio (a 1,5^0 C) antes da visualização das imagens e colocando-as num ambiente térmico controlado (a 20° C). A taxa de aquecimento das amostras, observada a partir de imagens térmicas obtidas ao longo de 20 minutos, foi utilizada para a identificação não destrutiva do núcleo de água. Os autores observaram que um maior gradiente de temperatura teria encurtado o tempo de observação necessário.

Van Linden, Vereycken, Bravo, Ramon e De Baerdemaeker (2003) utilizaram imagens térmicas para detetar pontos moles subtis nos tomates. Compararam três tratamentos de temperatura no que diz respeito à deteção de pisaduras, ou seja, arrefecimento dos frutos durante 90 minutos a 1^0 C, aquecimento em estufa a 70^0 C durante 1 ou 2 minutos e aquecimento por micro-ondas durante 7 ou 15 s. Foram detectadas diferenças subtis entre tecido pisado e intacto após um tratamento de 15 s por meio de aquecimento por micro-ondas, observando-se manchas circulares frias de pisaduras em imagens térmicas da superfície do fruto.

5.3 Qualidade dos grãos

A infestação de cereais por pragas, deterioração microbiana ou contaminação é um problema significativo para a indústria alimentar. A inspeção manual, a peneiração, a flutuação de fendas e os funis de Berlese são utilizados para detetar insectos nas instalações de manuseamento de cereais. No entanto, estes métodos não são eficientes e consomem muito tempo (Neethirajan, Karunakaran, Jayas, & White, 2007), sendo pouco precisos para as fases de desenvolvimento das pragas. A deteção de infestações de pragas em produtos alimentares e nas suas instalações de armazenamento é essencial para garantir produtos saudáveis e aceitáveis para o consumo humano, para o cumprimento da regulamentação, para o diagnóstico de infestações incipientes e para verificar o sucesso das medidas de controlo, como os fumigantes (Rajendran, 1999).

A aplicação da termografia para a deteção de todos os estádios pós-embrionários dos insectos baseia-se na diferença de temperatura devida à produção de calor devido à respiração em comparação com a temperatura do grão (Emekci, Navarro, Donahaye, Rindner, &Azrieli, 2002, 2004). Esta diferença de temperatura devida à infestação no interior de um grão pode ser detectada através de imagens térmicas. Manickavasagan et al. (2008c) estudaram o padrão de distribuição da temperatura do grão de trigo infestado e observaram uma forte correlação entre os padrões de distribuição da temperatura da superfície do grão infestado e a taxa de respiração de cada fase de desenvolvimento do inseto. Estes estudos mostram o potencial de deteção contínua em linha da infestação de grãos alimentares. Manickavasagan, Jayas, White e Jian (2006) estudaram a aplicação de imagens térmicas para a deteção de pontos quentes em silos de armazenamento de grãos, relatando que as imagens térmicas só eram possíveis após o revestimento do exterior do silo com tinta de alta emissividade.

Em condições laboratoriais, as imagens térmicas da parede de um silo e da superfície superior do grão a granel detectaram pontos quentes localizados perto (0,3 m) da parede do silo ou da superfície do grão. No entanto, observaram uma influência das variações atmosféricas. Recentemente, Manickavasagan et al. (2008a, 2008b) mostraram o potencial da imagem térmica para a classificação de cultivares de trigo que são difíceis de distinguir por inspeção visual. Manickavasagan et al. (2008a, 2008b) observaram maior precisão na discriminação por pares e concluíram que as abordagens de imagens térmicas podem ter potencial para desenvolver métodos de classificação para variedades e classificação de grãos.

5.4 Deteção de corpos estranhos

A presença de corpos estranhos nos alimentos é uma questão importante de segurança alimentar. Graves, Smith e Batchelor (1998) resumiram as abordagens à garantia da qualidade alimentar no que diz respeito à deteção de corpos estranhos. Meinlschmidt e Maergner (2002, 2003) mostraram que o comportamento de arrefecimento dos alimentos e dos corpos estranhos típicos é diferente e pode ser explorado para distinguir imagens térmicas. Desenvolveram um sistema de imagem térmica para detetar materiais estranhos (nozes podres, cascas duras e pedras) em nozes de avelã.

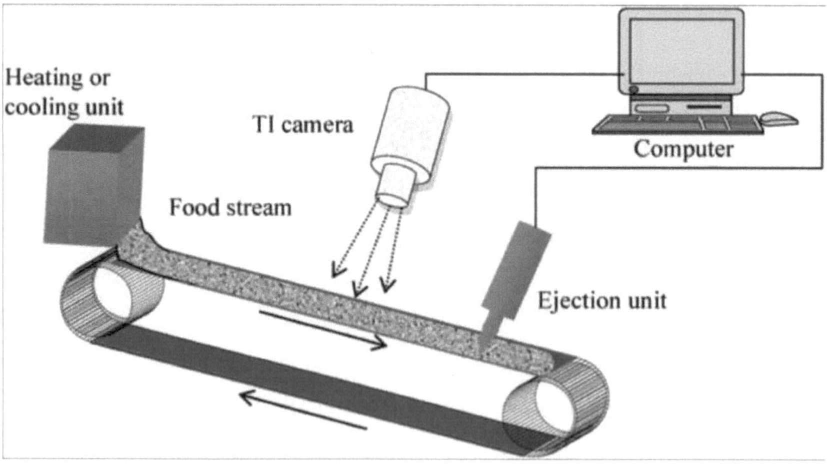

Fig. 5.2. Diagrama esquemático do
sistema integrado de inspeção de alimentos por imagem térmica
(adaptado de Ginesu et al., 2004).

Estes estudos mostraram que era possível obter imagens com elevado contraste para diferenciar corpos estranhos utilizando uma luz de flash para aquecer as avelãs. Ginesu, Giusto, Ma'rgner e Meinlschmidt (2004) realizaram experiências sobre a deteção de corpos estranhos utilizando a termografia ativa. Relataram que a distinção entre corpos estranhos e material alimentar por imagem térmica é possível devido a diferenças nas suas propriedades térmicas. Warmann e Ma'rgner (2005) aplicaram três abordagens diferentes de processamento de imagem (limiarização, análise de textura, lógica difusa) para a inspeção da qualidade de avelãs utilizando imagens térmicas. As duas primeiras foram consideradas adequadas para a investigação de grandes quantidades de avelãs transportadas numa correia transportadora.

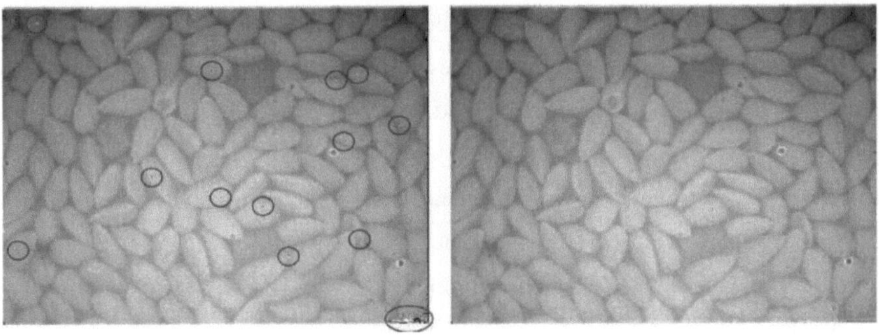

(a) **(b)**

Fig. 5.3. Imagem IR de amêndoas e caroços (a) antes e (b) depois da correção dos pixels mortos

Os pixéis mortos estão assinalados com círculos.

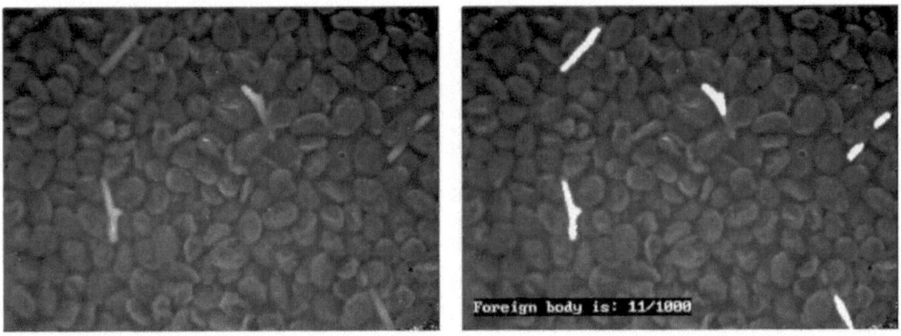

Fig. 5.4. Imagem de infravermelhos de passas e paus de madeira como (a) corpos estranhos e (b) o

contaminantes reconhecidos.

5.5 Aplicações de retalho e alimentares

Os gestores de instalações em lojas de retalho e armazéns familiarizaram-se com os benefícios associados à utilização de imagens térmicas nos seus regimes de manutenção preventiva planeada associados ao equipamento nas suas instalações; a tecnologia permite que a manutenção adequada seja realizada antes de ocorrer uma avaria completa e, consequentemente, reduz o tempo de inatividade do equipamento e minimiza o impacto associado nos lucros. Tal como acontece com estas aplicações (normalmente eléctricas e mecânicas), a utilização simples e o baixo custo da atual geração de câmaras termográficas tornam-nas a ferramenta ideal para uma série de outras aplicações no sector retalhista.

Considerando que todas as organizações de retalho podem beneficiar da utilização da tecnologia para monitorizar a eficiência dos seus sistemas HVACR (Aquecimento, Ventilação, Ar Condicionado e Refrigeração) e para localizar e quantificar a extensão da perda de calor da estrutura com os consequentes benefícios na conservação de energia - há benefícios particulares a obter nas indústrias de processamento e distribuição de alimentos.

5.6 Conservação de energia e controlo ambiental

A imagem térmica é uma técnica que permite criar uma imagem de uma cena com base na radiação térmica invisível emitida por um objeto. Esta tecnologia presta-se à deteção e localização de pontos quentes em edifícios - um requisito essencial para todos os envolvidos na conservação de energia. O termógrafo será capaz de efetuar rapidamente um levantamento, que destacará problemas no tecido do edifício; muitos deles representarão grandes fontes de perda de energia.

Os exemplos são:

- Isolamento em falta ou inexistente
- Danos causados pela humidade
- Pontes térmicas
- Correntes de ar devido a portas e janelas mal ajustadas, etc.
- Tubos, radiadores, condutas e outros equipamentos de AVAC anómalos

A utilização da imagem térmica dará assim um contributo importante para a função do gestor de instalações. Isto ajudará a garantir que o edifício é bem gerido e mantido e resultará numa redução dos custos de funcionamento.

5.7 Transformação e distribuição de alimentos

A termografia já desempenha um papel importante no controlo da qualidade dos produtos na indústria alimentar, devido à grande variedade de operações com temperatura controlada. A capacidade de utilizar meios sem contacto para monitorizar e controlar produtos de temperatura crítica - em movimento ou estáticos - é inestimável, por exemplo, na prevenção de problemas de manuseamento, tais como derretimento, colagem e entupimento de transportadores, na deteção de corpos estranhos e misturas incorrectas de ingredientes e no controlo de processos de cozedura ou esterilização.

A tecnologia está agora a tornar-se cada vez mais importante em toda a cadeia de distribuição de materiais alimentares perecíveis, onde a indústria deve manter um controlo muito rigoroso das temperaturas para reduzir o desperdício e manter ou aumentar o prazo de validade ou as datas de validade. As falhas de energia podem ser catastróficas no armazém, no ponto de venda a retalho ou no veículo de entrega; a utilização de imagens térmicas no controlo preventivo da temperatura pode ser um fator de risco.

Capítulo 2

6. Limitações e desenvolvimentos futuros

A termografia apresenta inúmeras aplicações potenciais na garantia da segurança alimentar e na monitorização da qualidade. Com o desenvolvimento de detectores de IV de alta resolução mais baratos, prevê-se que esta tecnologia se generalize na indústria alimentar. No entanto, é necessário ultrapassar uma série de limitações antes de poder ser amplamente adoptada como ferramenta de medição em linha da qualidade dos alimentos. Uma delas é a necessidade de arrefecimento ou aquecimento do produto para melhorar o contraste de temperatura; este requisito foi apresentado em muitos documentos que documentam a utilização da tecnologia de infravermelhos para a deteção de contaminantes e defeitos de qualidade.O processo de aquecimento/arrefecimento pode alterar o produto alimentar de forma indesejável, uma vez que a maioria dos alimentos é sensível a alterações da temperatura ambiente. Por conseguinte, a conceção de sistemas de monitorização baseados em tecnologia de informação teria de ser específica para cada produto, tendo em conta as tolerâncias de temperatura dos alimentos a monitorizar. Obviamente, esses sistemas de aquecimento ou arrefecimento teriam de ter uma distribuição espacial uniforme no campo de visão da câmara, caso contrário as variações na distribuição do calor acrescentariam uma variabilidade indesejável ao termograma.A interferência térmica do ambiente apresenta outro desafio para o desenvolvimento de sensores de imagem térmica numa escala industrial. Assim, é necessário um controlo adequado da temperatura ambiente, o que pode não ser trivial em muitos ambientes de processamento. O fundo não uniforme da imagem, como é o caso dos sistemas de correias transportadoras, pode colocar problemas para a remoção do ruído de fundo proveniente do detetor. No próprio detetor, a não uniformidade da resposta dos pixéis e a presença de pixéis "maus" ou "mortos" exige um tratamento cuidadoso das imagens obtidas. Os píxeis maus representam normalmente 1%.

7. Estudo de caso

7.1 Estudo da variação temporal da copa dos citrinos utilizando imagens térmicas para deteção de citrinos

D.M. Bulanon, T.F. Burks, V. Alchanatis

7.1.1 Introdução

A indústria dos citrinos é uma das maiores indústrias da Florida em termos de receitas económicas geradas. Um dos desafios que os produtores de citrinos enfrentam é o custo da colheita da fruta. A colheita continua a ser efectuada principalmente à mão e, com a diminuição da mão de obra agrícola, é necessário estudar outras alternativas. A colheita robotizada é uma dessas alternativas, que ganhou popularidade na última década. Os principais desafios na colheita robotizada são o reconhecimento do fruto, o desprendimento do fruto e a orientação do manipulador em direção ao fruto (Sarig, 1993). Este artigo centra-se na área do reconhecimento de frutos.O reconhecimento de frutos para a colheita robotizada é geralmente efectuado utilizando a visão artificial (Jimenez et al., 2000). A visão artificial é composta por uma câmara de vídeo, que adquire imagens na cena, e um computador que está programado para reconhecer os objectos desejados na cena utilizando técnicas de processamento de imagem. Um método popular de implementação da visão artificial utiliza uma câmara CCD a cores e um frame grabber (Bulanon et al., 2002). Nas cenas em que existe um contraste de cor significativo entre o fruto e a cobertura, como as maçãs vermelhas, as laranjas e os tomates, o fruto é facilmente segmentado do fundo.Com o avanço da tecnologia de sensores, foram introduzidos no mercado outros sistemas de imagem, como a imagem térmica. A imagem térmica utiliza a radiação electromagnética emitida por um objeto e produz uma pseudo-imagem da distribuição térmica do objeto. Graças a esta tecnologia de imagem, é possível medir a temperatura sem contacto e com alta resolução (Rahkonen e Jokela, 2003). Na agricultura, foram registadas várias aplicações que utilizam a imagem térmica. Foi utilizada para detetar doenças em folhas de pepino (Oerke et al., 2006). Varith et al. (2003) detectaram hematomas em maçãs utilizando imagens térmicas. O stress hídrico das culturas foi analisado utilizando imagens térmicas da copa das árvores (Alchanatis et al., 2006) e também foi utilizado para estimar o estado da água no solo (Sugiura et al., 2007).Hellebrand et al. (2001) mediram a variação de temperatura de produtos hortícolas por imagem térmica para estudos de avaliação de qualidade e também determinaram os valores de emissividade dos produtos. Uma visão de Manickavasagan et al. (2005) sobre as aplicações da imagem térmica na agricultura mostrou os vários usos em operações de pré-colheita, colheita e pós-colheita. No entanto, apenas alguns relatórios podem ser encontrados sobre a aplicação de imagens térmicas na colheita de frutas. Embora Xu e Ying (2003) tenham sugerido que a imagem térmica tem um potencial para a deteção de citrinos, não relataram a variação temporal da temperatura, o efeito da luz solar e outras condições ambientais que poderiam influenciar a imagem térmica.Noutro estudo não diretamente relacionado com a colheita de fruta, Stajnko et al. (2004) realizaram a aquisição de imagens térmicas para a previsão da produção de maçãs ao fim da tarde para obter um elevado contraste entre os frutos e outras partes da cultura. Como descrito acima, a imagem térmica tem aplicações potenciais na agricultura. No entanto, uma vez que a imagem térmica depende das propriedades térmicas do alvo e da forma como estas variam ao longo do tempo, é necessário um estudo que caracterize a variação temporal dos factores que afectam a imagem térmica, especificamente em aplicações no exterior, para otimizar todo o seu potencial. Neste artigo, é discutido o comportamento temporal dos frutos na copa das árvores. Imagens térmicas de frutos na copa foram adquiridas durante 24 h.Outros dados como a temperatura da superfície do fruto, a temperatura ambiente e a humidade relativa (HR) também foram registados. A variação da temperatura do fruto e da copa ao longo do tempo foi analisada utilizando um software especial para o processamento de imagens térmicas. Além disso, foi desenvolvida uma abordagem de segmentação para separar os frutos da copa. O efeito do comportamento temporal da temperatura dos frutos na segmentação também é apresentado. Especificamente, o objetivo deste trabalho é demonstrar o potencial da utilização de informações de imagens térmicas para segmentar frutos de laranja da copa como auxílio à colheita robótica de frutos.

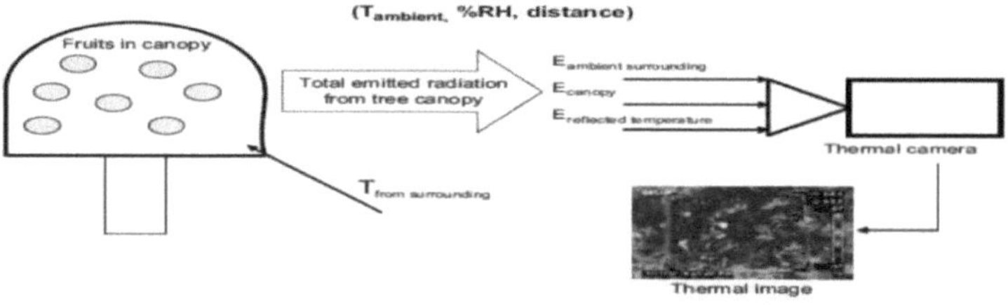

Fig. 7.1. Imagem térmica no pomar

7.1.2 Materiais e métodos

Imagens térmicas de frutos de laranja encontrados na parte externa da copa das árvores foram adquiridas num ciclo de 24 horas. Outros dados, como a temperatura da superfície da fruta, a temperatura ambiente e a UR, foram medidos. A emissividade da fruta foi estimada e usada como a emissividade global da cena. A emissividade estimada, juntamente com a temperatura ambiente medida, a HR e a temperatura reflectida, foram utilizadas para compensar as imagens térmicas adquiridas. Em seguida, a variação de temperatura do fruto e da copa foi analisada utilizando um software especial para o processamento de imagens térmicas. Também foi desenvolvida uma abordagem de segmentação para separar o fruto da copa.

7.1.3 Materiais e equipamentos

7.1.3.1 Fruta

Neste estudo, foi utilizada a variedade de citrinos Hamlin *(Citrus sinensis).* O pomar está situado em Ocala, na Florida, com as filas de árvores dispostas na direção Norte-Sul. Isto significa que um lado da árvore está exposto ao sol quando este nasce e o outro lado está exposto quando o sol se põe.

7.1.3.2 Região de interesse (ROI)

O ROI para este estudo foi uma área na superfície da copa que incluía os frutos e a copa, encerrada numa estrutura de PVC de meio metro quadrado. Foram selecionadas quatro ROI em quatro árvores; duas estavam no lado exposto ao sol durante o nascer do sol e as outras duas estavam no lado exposto ao sol durante o pôr do sol. Os cantos da ROI foram embrulhados com folha de alumínio e utilizados para medir a temperatura reflectida.

7.1.3.3 Sistema de aquisição de imagens

As imagens térmicas foram adquiridas utilizando a câmara de infravermelhos ThermaCAM P65HS (FLIR Systems Inc, MA, EUA). Utiliza um microbolómetro não arrefecido de matriz de plano focal com 320-240 pixels, uma gama espetral de 7,5-13 mm, uma resolução de 0,050C e uma precisão de -2% da leitura. A gama de temperaturas utilizada foi de -40 a 120^0 C. Um teste de orientação separado mostrou que, ao medir a temperatura da superfície de um objeto em cinco orientações diferentes da câmara, esta apresentava um erro médio de 0,170C em relação à posição perpendicular da câmara à superfície do objeto.

Fig 7.2 : Sistema de aquisição de imagens e configuração

7.1.3.4 Medidor de ponto de orvalho

T O medidor de ponto de orvalho (DeFelsko Corporation, NY, EUA) é um instrumento portátil que mede a temperatura da superfície, a temperatura do ar ambiente, a HR e a temperatura do ponto de orvalho. Foi utilizado para medir a temperatura da superfície dos frutos, a temperatura do ar ambiente e a HR no pomar.

7.1.3.5 Software de processamento de imagens térmicas

O ThermaCAM Researcher (FLIR Systems Inc., MA, EUA) foi especialmente desenvolvido para a análise de imagens de câmaras de infravermelhos. Neste estudo, o software foi utilizado para compensar a emissividade das imagens térmicas adquiridas, efetuar medições térmicas no fruto e na copa e converter as imagens térmicas num formato adequado para o processamento de imagens.

7.1.4 Métodos

7.1.4.1 Aquisição de imagens e dados

A câmara térmica foi posicionada a cerca de 2 m da ROI na superfície da copa das árvores. Isto garantiu que a ROI fosse capturada na imagem.

As imagens foram adquiridas durante 24 horas com um intervalo de 15 minutos. Durante cada aquisição, a câmara foi reajustada e recentrada. As imagens foram guardadas num cartão de memória flash. A temperatura da superfície do fruto, a temperatura ambiente e a HR foram também medidas utilizando o medidor portátil de ponto de orvalho em cada intervalo de 15 minutos. Além disso, foi adquirida uma imagem RGB a cores da ROI utilizando uma câmara digital a cores (D-490ZOOM, Olympus), operada no modo automático, para referência futura. As imagens a cores nocturnas foram adquiridas utilizando uma iluminação artificial de halogéneo portátil, que foi ligada apenas durante alguns segundos durante a aquisição de imagens a cores.

7.1.4.2 Processamento e análise de imagens

As imagens foram salvas como imagens JPEG de 14 bits. O ThermaCAM Researcher foi utilizado para ler as imagens e extrair os dados térmicos em bruto. Antes de serem efectuadas quaisquer medições, as imagens foram compensadas pela emissividade do fruto, temperatura ambiente média, HR, distância do objeto e temperatura reflectida. A temperatura reflectida foi a medição da temperatura da folha de alumínio obtida com o ThermaCAM Researcher. Estes parâmetros influenciam a medição da temperatura da câmara térmica, conforme discutido anteriormente.

O ThermaCAM Researcher tem a capacidade de corrigir imagens térmicas após a aquisição, introduzindo os valores corretos dos parâmetros offline. Esta é uma função conveniente, pois permite a aquisição de imagens térmicas usando os valores de parâmetros padrão e, posteriormente, ajusta a imagem offline, uma vez que os valores corretos dos parâmetros tenham sido determinados.

7.1.4.3 Estimativa da emissividade dos frutos

As imagens foram adquiridas utilizando a definição de emissividade global predefinida de 0,95. A câmara detecta a radiação de um objeto de interesse. O fruto, que faz parte da cena da copa das árvores, é o objeto de interesse neste caso, pelo que as imagens foram compensadas com a emissividade do fruto como a emissividade global da imagem para realçar a área do fruto. A emissividade do fruto foi estimada através de dois métodos. No primeiro método, a temperatura da superfície da fruta medida pelo medidor de ponto de orvalho foi comparada com a temperatura da superfície da fruta obtida pelo ThermaCAM Researcher. O ThermaCAM Researcher fornece uma ferramenta AREA que mede a temperatura média dentro da parte escolhida da imagem, que neste caso foi a parte da fruta medida pelo medidor de ponto de orvalho. O tamanho da área selecionada continha aproximadamente 60 pixels. Com a temperatura do medidor de ponto de orvalho como valor de referência da temperatura da superfície da fruta, a configuração da emissividade da imagem foi ajustada até que a temperatura da fruta na imagem fosse igual ao valor da temperatura de referência. Esta foi a emissividade estimada do fruto. O segundo método utilizou um emissor de referência, que era uma fita eléctrica preta (3M Scotch) com uma emissividade conhecida de 0,95 (Avdelidis e Moropoulou, 2003). A fita preta foi colocada na superfície do fruto e foram adquiridas imagens do fruto a cada 20 s durante 10 min. As imagens foram adquiridas durante a tarde numa ROI normal na copa das árvores. Utilizando a ferramenta AREA no ThermaCAM Researcher, uma área da fita preta e uma área da superfície do fruto adjacente à fita foram selecionadas e as suas temperaturas foram medidas. A configuração da emissividade da área do fruto foi alterada até que sua temperatura fosse a mesma da fita preta, fornecendo assim a emissividade estimada do fruto. Análise de imagem

Uma vez que a emissividade do fruto foi determinada, as imagens foram compensadas para a emissividade do fruto e os outros valores dos parâmetros. Utilizando a ferramenta ThermaCAM Researcher's AREA, foram efectuadas medições de temperatura do fruto e da copa das folhas a partir de cada imagem. Foram selecionadas arbitrariamente quatro áreas diferentes do fruto e da copa das folhas. O perfil médio da temperatura foi então traçado. Cada imagem foi também guardada num formato de ficheiro Matlab como uma matriz 320 -240 de valores absolutos de temperatura em^0 K. Estes foram utilizados no desenvolvimento do algoritmo de segmentação.

7.1.5 Resultados e discussões

7.1.5.1 Perfil da temperatura dos frutos (medidor de ponto de orvalho)

Os parâmetros ambientais da temperatura ambiente e da humidade relativa também são representados. A tendência da temperatura da superfície dos frutos nas quatro ROIs pode ser comparada a uma meia onda sinusoidal; a temperatura da superfície dos frutos aumenta de manhã até ao início da tarde e diminui a partir do meio da tarde até ao início da manhã. Os frutos da ROI 3 apresentaram a temperatura de superfície mais elevada, atingindo cerca de 40^0 C, enquanto os frutos da ROI 4 apresentaram a temperatura de superfície mais baixa, inferior a 10^0 C. O perfil da temperatura ambiente apresentou a mesma tendência, o que sugere a influência direta da temperatura ambiente na temperatura dos frutos

Comparando a temperatura do fruto e a temperatura ambiente, observou-se que, na maior parte da manhã, o ar tinha uma temperatura mais elevada do que o fruto, resultando na transferência de calor do ambiente para o fruto. Durante a tarde e até ao final da noite, as ROIs 3 e 4 mostraram que o fruto tinha uma temperatura mais elevada do que a temperatura ambiente, resultando na transferência de calor do fruto para o ambiente. No entanto, para as ROIs 1 e 2, que se encontravam do lado exposto durante o nascer do sol, registaram-se flutuações entre a temperatura do fruto e a temperatura ambiente. Esta flutuação pode estar relacionada com a posição das ROIs relativamente ao sol, no entanto, é necessário efetuar mais estudos para garantir esta conclusão.

Em comparação com a temperatura do fruto e a temperatura ambiente, a HR teve uma tendência oposta. Foi mais elevada durante a parte final da noite. Embora o seu efeito sobre a emissão de radiação térmica pela copa não tenha sido diretamente observado, as baixas temperaturas nocturnas, associadas a uma humidade elevada, poderiam provocar a condensação na superfície do fruto, o que poderia afetar a energia emitida. Este fenómeno deve ser objeto de um estudo mais aprofundado.

a ROI 1 -1 horário de maging: das 16:00 2/21/07
às 15:00 2/22/07

b ROI 2 -1 maging time: das 16:15 2/26/07
às 15:15 2/27/07

C ROI 3 -1 tempo de maging: de 16:15 2/28/07 d ROI 4 -1 tempo de maging: de 12:45 3/07/07
a 15:15 3/01/07a 11:45 3/08/07

Fig. 7.3 - Imagens a cores de quatro ROI (o fruto anotado pelo círculo branco foi selecionado para a monitorização da temperatura da superfície).

(a) ROI 1 - hora da imagiologia: das 16:00 horas de 21/02/07 às 15:00 horas de 22/02/07,

(b) ROI 2 - tempo de captação de imagens: das 16:15 de 26/02/07 às 15:15 de 27/02/07,

(c) ROI 3 - tempo de captação de imagens: das 16:15 de 28/02/07 às 15:15 de 01/03/07 e (d)

ROI 4 - tempo de imagiologia: das 12:45 de 3/07/07 às 11:45 de 3/08/07.

7.1.5.2 Emissividade dos frutos

A emissividade média calculada do fruto foi de 0,89 com um desvio padrão de 0,031. Verificou-se que a emissividade dos frutos estimada por este método apresentava um grande intervalo, 0,82-0,96. Este facto foi atribuído às flutuações entre a temperatura ambiente e a temperatura do fruto. Um dos requisitos para que este método seja eficaz é que o objeto tenha uma temperatura relativamente mais elevada do que a do ambiente circundante.

O segundo método, que utilizou uma fita preta como emissividade de referência, forneceu um melhor resultado. Neste método, a temperatura do fruto era superior à temperatura ambiente durante a estimativa e as imagens foram tiradas a intervalos mais curtos, o que garantiu que os parâmetros externos não variassem tanto em comparação com o primeiro método. A emissividade média do fruto durante todo o período foi de 0,90 com um desvio padrão de 0,01. Obteve-se um intervalo de 0,88-0,92 com um nível de confiança de 95%.

Os valores de emissividade de 0,94_ 0,04 para diferentes produtos hortícolas, como maçãs, peras, nectarinas e tomates, foram obtidos por Hellebrand et al. (2001) no laboratório. Por conseguinte, para uma laranja pendurada na árvore, a emissividade do fruto pode ser fixada em 0,90. Este valor foi utilizado para calcular as temperaturas a partir das imagens térmicas aquando da realização das análises. É de notar aqui que, embora os resultados obtidos com o primeiro método tenham um intervalo relativamente grande, o valor médio forneceu uma estimativa aproximada da emissividade do fruto. Observou-se também que, se a estimativa da emissividade utilizando o primeiro método fosse efectuada aproximadamente ao mesmo tempo que o segundo método, a emissividade média era de 0,90.

Quando a emissividade das imagens adquiridas foi ajustada para 0,90, a temperatura da superfície deslocou-se da sua posição predefinida de 0,95 para quase a mesma temperatura da superfície medida pelo medidor de ponto de orvalho. Da mesma forma, quando a emissividade da área da fruta adjacente à fita preta foi ajustada para 0,90, a temperatura da fruta ficou mais próxima dos valores de temperatura da superfície da fita preta. Estes ajustes de temperatura indicaram que a emissividade estimada do fruto está próxima do verdadeiro valor de emissividade do fruto, consequentemente, uma emissividade do fruto de 0,90 foi selecionada para este estudo. Uma vez que a saída da câmara térmica é uma imagem da temperatura da superfície, é importante compensar os valores corretos dos parâmetros que afectam a medição da temperatura para realçar os objectos de interesse, neste caso a fruta. A investigação anterior que utilizou imagens térmicas de frutos (Xu e Ying, 2003; Stajnko et al., 2004) não teve em conta a compensação da emissividade e outros parâmetros circundantes.

7.1.5.3 Perfil de temperatura da copa dos frutos e das folhas

O gráfico da temperatura do fruto e da folha mostra que o fruto e a folha tiveram a mesma tendência em todas as ROIs. De manhã, a partir das 7:00, a temperatura da folha foi mais elevada do que a do fruto, exceto na ROI 2, onde se verificou uma flutuação entre o fruto e a folha. No entanto, a partir das 16:00 horas e até ao início da manhã, a temperatura do fruto foi superior à da folha. Neste intervalo de tempo, a diferença média entre o fruto e a folha foi de cerca de 1,6^0 C, enquanto no outro intervalo de tempo, a diferença média foi inferior a 0,6^0 C para todas as ROIs.

A diferença de temperatura era suficientemente grande para que o fruto fosse bem separado da copa das árvores, como observado nas imagens térmicas adquiridas para a ROI 2. No entanto, não havia muita diferença entre a temperatura ambiente e a temperatura do fruto durante este período de tempo. Isto implica que a variação de temperatura entre objectos na cena influencia mais o resultado das imagens térmicas do que a variação de temperatura entre o objeto e a sua envolvente.

Os mesmos resultados foram obtidos para as outras ROIs. Esta tendência sugere uma razão pela qual Stajnko et al. (2004) realizaram as suas experiências ao fim da tarde: devido à elevada diferença de temperatura e à direção da transferência de calor.

Gill et al. (1997) também relataram uma melhor deteção de veados usando imagens térmicas durante a noite do que durante o dia. Isto indica que a imagem térmica tem um potencial durante este período de tempo quando utilizada para discriminar entre frutos e copa das árvores.

7.1.6 Conclusões

A variação térmica temporal na copa dos citrinos foi analisada utilizando imagens térmicas para avaliar o seu potencial na deteção de frutos. As imagens térmicas adquiridas foram corrigidas para a emissividade dos frutos com um valor estimado de 0,90, a temperatura ambiente, a UR e a temperatura reflectida. Foi desenvolvida uma técnica de processamento de imagem para segmentar os frutos a partir das imagens térmicas. As conclusões obtidas com este estudo são as seguintes.

(1) A diferença de temperatura relativamente grande entre o fruto e a copa das árvores, que ocorreu a partir da tarde, por volta das 16:00, até à meia-noite, realçou o fruto nas imagens térmicas. Este realce facilita a deteção dos frutos.

(2) A abordagem de segmentação utilizando o método da cauda do histograma revelou-se eficaz na discriminação do fruto da copa, especificamente durante o intervalo de tempo de grande diferença de temperatura. Foi alcançada uma taxa média de verdadeiros positivos de 0,70 e uma taxa de falsos positivos de 0,06. Isto demonstra o potencial da imagem térmica dentro deste intervalo de tempo limitado. Para melhorar ainda mais a deteção de frutos, estudos futuros irão explorar a fusão de imagens visíveis e térmicas.

7.2 Deteção de pisaduras precoces em maçãs utilizando dados hiperespectrais e imagens térmicas

Piotr Baranowski , Wojciech Mazurek, Joanna Wozniak, Urszula Majewska

7.2.1 Introdução

A deteção de defeitos mecânicos nas maçãs é muito importante para os sistemas de inspeção da qualidade. Apesar de as pisaduras serem o motivo de rejeição do maior número de frutos nas linhas de triagem, os sistemas de triagem automática existentes continuam a não ser precisos na deteção de pisaduras e o método de triagem manual continua a ser utilizado (Leemans et al., 2002; Taoukis e Richardson, 2007; Xing et al., 2007). Os hematomas são definidos como danos nos tecidos dos frutos resultantes de forças externas que provocam alterações físicas da textura e/ou alterações químicas da cor, do cheiro e do sabor (Mohsenin, 1986). Podem distinguir-se dois efeitos básicos da pisadura da maçã, ou seja, o acastanhamento e o amolecimento do tecido do fruto. A suscetibilidade da maçã aos danos mecânicos depende de muitos factores, incluindo o cultivo do solo, a nutrição e as condições meteorológicas no campo durante o crescimento do fruto (Woolf e Ferguson, 2000).

A visão artificial, que é uma tecnologia avançada para "ver" objectos com a ajuda de computadores, tem sido utilizada em muitas aplicações na agricultura, incluindo a deteção da qualidade e segurança dos produtos antes e depois da colheita e a triagem (Kim et al., 2002; Brosnan e Sun, 2004; Xing et al., 2005; Sun, 2008, 2010; Wang et al., 2011). Nos últimos anos, os sistemas de triagem visual têm sido aplicados na deteção de defeitos mecânicos. Estes sistemas efectuam uma análise multiespectral ou hiperespectral da cor para identificar e classificar as áreas danificadas e para encontrar uma correlação entre as caraterísticas espectrais e as propriedades físico-químicas dos tecidos saudáveis e afectados. Estes sistemas utilizam procedimentos avançados de processamento e análise de imagens, incluindo a análise de componentes principais, os mínimos quadrados parciais, as redes neuronais, a análise discriminante linear e as máquinas de vectores de apoio (Lu et al., 1999; Lu, 2003; Peng e Lu, 2005, 2006; Grahn e Geladi, 2007; Wang et al., 2011).

A modelação suave e independente da analogia de classes (SIMCA) baseia-se na criação de um modelo PCA para cada classe num conjunto de dados de treino definido, constituído por amostras com um conjunto de atributos e a sua pertença a uma classe (Wold e Sjostrom, 1977). O termo "suave" refere-se ao facto de o classificador poder identificar as amostras como pertencentes a várias classes e não produzir necessariamente uma classificação das amostras em classes não sobrepostas. No SIMCA, as observações são projectadas em cada modelo de PC e as distâncias residuais são calculadas. Uma observação é atribuída à classe do modelo quando a sua distância residual ao modelo é inferior ao limite estatístico para a classe.

A observação pode pertencer a várias classes e uma medida da qualidade do modelo pode ser encontrada a partir do número de casos em que as observações são classificadas em várias classes. A fase de treino implica que se tenham identificado amostras suficientes como membros de cada classe para se poder construir um modelo fiável. Também requer que sejam medidas variáveis suficientes para descrever as amostras com exatidão. A fase de teste utiliza testes de significância para classificar novas amostras, em que as decisões se baseiam em testes estatísticos realizados nas distâncias objeto-modelo.

Cada modelo deve ser verificado quanto a possíveis outliers e melhorado, se possível (como se faria para qualquer modelo PCA). A análise discriminante linear (LDA) é um método utilizado na aprendizagem automática para encontrar uma combinação linear de caraterísticas que caracterizam ou separam duas ou mais classes de objectos ou eventos (Yang, 2010). A combinação resultante pode ser utilizada como um classificador linear ou, mais frequentemente, para reduzir a dimensionalidade antes de uma classificação posterior. Este método de classificação supervisionada proporciona uma transformação linear de vectores de caraterísticas n dimensionais (ou amostras) num espaço m-dimensional ($m < n$), de modo a que as amostras pertencentes à mesma classe fiquem próximas umas das outras e as amostras de classes diferentes fiquem afastadas umas das outras.

O modelo de classificação é desenvolvido a partir da regra de Bayes, assumindo que a distribuição de probabilidades dentro de todos os grupos é conhecida e que as probabilidades prévias para os grupos são dadas e somam 100% em todos os grupos. Baseia-se no pressuposto da distribuição normal e no pressuposto de que as matrizes de covariância dos dois (ou mais) grupos são idênticas.

O SVM é um método de reconhecimento de padrões amplamente utilizado em aplicações de extração de dados e fornece um meio de classificação supervisionada, tal como o SIMCA e o LDA. O SVM foi originalmente desenvolvido para a classificação linear de dados separáveis, mas é aplicável a dados não lineares com a utilização de funções de kernel. Os SVM são utilizados na aprendizagem automática, otimização, estatística, bioinformática e outros domínios que utilizam o reconhecimento de padrões. O software Unscrambler ver. 10.1, CAMO Software AS. Trondheim, Noruega, utiliza o algoritmo baseado no código desenvolvido e lançado sob uma licença BSD modificada por Chih-Chung Chang e Chih-Jen Lin da Universidade Nacional de Taiwan (Hsu et al., 2009).

O SVM é um método de classificação baseado na aprendizagem estatística em que é determinada uma função que descreve um hiperplano para uma separação óptima das classes. Como a função linear nem sempre é capaz de modelar essa separação, os dados são mapeados para um novo espaço de caraterísticas e é utilizada uma representação dupla com os objectos de dados representados pelo seu produto escalar. Uma função kernel é utilizada para mapear do espaço original para o espaço de caraterísticas, e pode ser de muitas formas, proporcionando assim a capacidade de lidar com casos de classificação não linear.

A imagem hiperespectral foi utilizada em cultivares de maçãs selecionadas para desenvolver uma técnica multiespectral que pudesse ser utilizada para detetar crostas, contaminação por fungos e pelo solo e pisaduras (Mehl et al., 2002). Utilizando a PCA ou as intensidades de absorção em frequências específicas, foram selecionadas três bandas espaciais capazes de separar as maçãs normais das contaminadas. Verificou-se que a classificação correta das maçãs variava entre 76% e 95%, dependendo das cultivares analisadas. No método PCA, as bandas obtidas são combinações lineares das bandas espectrais originais, mas não estão correlacionadas. A primeira banda de PC contém a maior percentagem da variância dos dados. Para cada banda de PC seguinte, a variância diminui, em grande parte devido ao ruído nos dados espectrais originais.

Com o objetivo de detetar os hematomas, foi desenvolvido um sistema automatizado

(Lu, 2003) para ajudar a indústria frutícola a fornecer melhores frutos para a deteção de hematomas e para identificar e separar os hematomas novos e antigos dos tecidos normais das maçãs. Um algoritmo de deteção de pisaduras utilizado neste sistema incluía a remoção do fundo, a normalização para reduzir as variações de reflectância causadas por uma iluminação e a análise de componentes principais para melhorar as caraterísticas das pisaduras e reduzir a dimensionalidade dos dados.

Segundo o autor, a região espetral entre 1000 e 1340 nm é a mais adequada para a deteção de contusões nas maçãs. Foi também sugerido que a fração mínima de ruído (MNF) poderia ser utilizada em vez da PCA. As bandas PC obtidas são combinações lineares das bandas espectrais originais, mas não estão correlacionadas. A primeira banda de PC contém a maior percentagem da variância dos dados. Para cada banda PC seguinte, a variância diminui, em grande parte devido ao ruído nos dados espectrais originais.

Foi demonstrado que as partes contaminadas e danificadas das maçãs eram mais distinguíveis das partes normais quando se utilizava o método da segunda diferença assimétrica para analisar imagens hiperespectrais da superfície da maçã na gama de 424-899 nm (Mehl et al., 2004). Foi afirmado que, ao utilizar este método, não se registaram diferenças nas observações das várias cultivares de maçã, utilizando o procedimento de tratamento de dados adequado.

O principal problema a ultrapassar é o facto de os sistemas de triagem existentes não serem capazes de distinguir eficazmente os frutos em que a pisadura ocorreu pouco tempo antes da inspeção (Xing et al., 2005). Isto deve-se ao facto de a maioria destes sistemas analisar gamas espectrais estreitas, por exemplo, a luz visível reflectida (400-750 nm) ou a radiação infravermelha próxima dispersa (1000 nm-3 lm). Concentram-se na deteção do escurecimento dos frutos, que, no caso de frutos com pisaduras precoces, pode ocorrer de forma indistinta ou não ocorrer de todo (Samim e Banks, 1993; Ferguson et al., 1999; Xing et al., 2005). A aplicação do método de espetroscopia no infravermelho próximo (700-2200 nm) revelou uma eficácia limitada na deteção de pisaduras em maçãs multicoloridas, por exemplo, "Jonagold" ou "Braeburn", e de pisaduras precoces (Upchurch et al., 1994; Wen e Tao, 2000; Kleynen et al., 2003; Xing et al., 2005, 2007).

A maioria dos métodos de deteção de nódoas negras em maçãs apresenta deficiências no caso de nódoas negras de cor escura ou de pequenas superfícies. Foi revelado que a morfologia inerente da superfície e a coloração da pele podem afetar significativamente o desempenho dos sistemas hiperespectrais se não forem devidamente abordadas (Chen e Kim, 2004). Devido às deficiências dos métodos existentes para a deteção precoce de pisaduras nas maçãs, tem havido um interesse crescente na incorporação de métodos de triagem não destrutivos de alcance múltiplo.

Foi proposto um conjunto de dados de imagem de reflectância e fluorescência para discriminar entre uma maçã saudável e uma maçã com contaminação fúngica e pisaduras (Kim et al., 2001, 2002). Estudos anteriores que utilizaram imagens térmicas no comprimento de onda médio (MWIR) e no infravermelho de onda longa (LWIR) para identificar defeitos nos tecidos da fruta (incluindo a deteção de pisaduras na maçã) indicaram que este método oferece novas possibilidades, desde que o processo de condução de calor na fruta possa ser identificado com precisão e que o mecanismo de criação de contraste térmico entre a parte pisada e as zonas sãs da superfície da fruta seja compreendido (Hellebrand et al., 2000; Maldague, 2001; Fito et al., 2004; Baranowski et al., 2008; Baranowski et al., 2009).

Neste documento, são apresentados os resultados de uma aplicação conjunta de imagens hiperespectrais (400-2500 nm) e de imagens térmicas (3500-5000 nm) e é discutida a eficácia desse sistema para a deteção precoce de contusões e a avaliação da profundidade.

Os objectivos específicos do documento são:

- comparar a eficácia da fração mínima de ruído (MNF) e da análise de componentes principais (PCA) para extrair o contraste máximo das nódoas negras da maçã a partir de sequências de imagens hiperespectrais e do método de termografia ativa de fase pulsada (PPT);
- para distinguir entre tecidos feridos e não afectados, bem como entre feridas mais profundas e menos profundas em maçãs de cinco cultivares estudadas, utilizando modelos de classificação supervisionados a partir de dados hiperespectrais e térmicos.

2. Materiais e métodos

7.2.2 Materiais

O material frutífero utilizado no estudo provém do mesmo pomar pertencente à Associação de Produtores de Frutos "STRYJNO-SAD", situada a 15 km de Lublin, Polónia. As maçãs 'Champion', 'Gloster', 'Golden Delicious', 'Idared' e 'Topázio' (Malus domestica orkh) foram colhidas diretamente após a colheita manual em 2011 e armazenadas durante 15 horas a 21°C e a 80% de humidade relativa. Os frutos foram classificados preliminarmente de acordo com o tamanho e apenas foram estudadas maçãs com diâmetros de 7-8 cm de cada cultivar.

7.2.2.1 Medições analíticas

Para calcular a densidade aparente dos frutos, cada maçã foi pesada com uma balança eletrónica digital Mettler XS1003S, Mettler Inc., Suíça, com uma capacidade até 1000 g e uma capacidade de leitura de 0,001 g, tendo o volume do fruto sido obtido através da medição do volume de água deslocado pelo fruto. Adicionalmente, a firmeza dos frutos foi determinada utilizando uma máquina de ensaios universal Lloyd LRX, produzida por Lloyd Instruments Ltd., Hampshire, Reino Unido, equipada com uma ponta de 11,3 mm de diâmetro. Foram efectuadas três medições de firmeza em cada fruto, na zona do pedículo, na parte central da maçã e na zona do cálice. A média destas três medições de firmeza foi expressa em N.

As concentrações de sólidos solúveis (SSC) foram determinadas utilizando um refratómetro de bolso Atago produzido pela Atago Co., Ltd. Tóquio, Japão, à temperatura ambiente de 20 _C. Para cada maçã, foram efectuadas duas medições de SSC - em lados opostos do fruto. Os valores obtidos foram expressos em brix.

7.2.2.2 Procedimento de contusão

A fim de verificar a eficácia da deteção de contusões que atingem várias profundidades, foi aplicado o seguinte procedimento de contusão. Das 96 maçãs de cada exemplar, metade foi deixada sem pisaduras e as restantes foram divididas em dois grupos (24 maçãs em cada um) para serem pisadas a diferentes profundidades. Foi escolhida uma posição na linha equatorial da superfície de cada maçã para a contusão. Um rolo de plástico com um diâmetro de 10 mm e uma espessura de 1 mm foi colocado nesta posição e um peso cilíndrico de 0,2 kg foi largado (a superfície de contacto era a base do cilindro) de uma altura de 400 mm (para o grupo com contusões mais profundas) ou de uma altura de 200 mm (para o grupo com contusões mais superficiais).

Em seguida, os frutos foram armazenados à temperatura ambiente durante 1 h antes da avaliação dos hematomas por hiperespectrometria e termografia. Para medir a profundidade da pisadura, cada maçã foi cortada através do centro da pisadura, ao longo do diâmetro máximo da zona danificada, na direção do centro do fruto. O parâmetro de profundidade foi calculado de acordo com o método descrito por Menesatti e Paglia (2001) como a distância ao longo do eixo perpendicular à superfície e ao centro do fruto. A profundidade das pisaduras calculada com este método foi comparada e verificada com o método baseado na termografia ativa, descrito em pormenor em Baranowski et al. (2009).

7.2.2.3 Sistema de imagem hiperespectral

Foram utilizados no estudo os seguintes espectrógrafos de imagem: um espetrógrafo de imagem ImSpector V10E (400-1000 nm) no visível e no infravermelho próximo (VNIR) e um espetrómetro de imagem N25E 2/300 (1000-2500 nm) no infravermelho de comprimento de onda curto (SWIR), fabricado pela SPECIM, Finlândia. Foram montados 40 cm acima de um tapete rolante cuja velocidade era regulada para cada câmara (para efetuar o varrimento em linha dos frutos).

A fonte de iluminação era constituída por quatro lâmpadas de halogéneo de 500 W. O sistema permitiu que as maçãs fossem examinadas linha a linha à medida que se deslocavam através do campo de visão do sistema ótico no tapete rolante. Foi registada uma imagem hiperespectral para cada varrimento. A resolução das imagens adquiridas pelas câmaras VNIR e SWIR era diferente. A resolução da imagem da câmara VNIR foi de 1344 (espacial) por 1024 (espetral) pixels por 12 bits, o que corresponde a um raio médio quadrático (rms) inferior a 40 Im e a uma resolução espetral de 6,8 nm (com a fenda predefinida).

A imagem da câmara SWIR tinha uma resolução de 320 (espacial) por 256 (espetral) pixels por 14 bits, o que corresponde a um raio de mancha rms inferior a 15 lm e a uma resolução espetral de 10 nm (fenda de 30 lm). O tempo de aquisição de uma varredura da superfície do fruto para as câmaras VNIR e SWIR foi de 5 s. Depois de terminar a varredura de um fruto inteiro, foi obtido um cubo de dados selecionando um retângulo que cobria a área do fruto e eliminando os pixels de fundo das imagens de todas as bandas. Este procedimento permitiu a redução preliminar da quantidade de dados que necessitavam de processamento posterior.

7.2.2.4 Sistema de imagiologia MWIR

Foi concebido um sistema de termografia ativa, constituído por uma câmara termográfica, uma fonte de excitação e um sistema para controlar o tempo de impulso de calor, bem como os parâmetros de registo e as condições externas no laboratório com termóstato (temperatura do ar controlada na gama de 15-30^0 C com uma precisão de 0,$_{5OC}$).

Foi utilizada a câmara termográfica SC7600 (FLIR Systems, Inc., EUA), que é sensível na gama de infravermelhos de comprimento de onda médio (MWIR) de 3-5 lm.

A utilização de um detetor (InSb) com o formato 640 - 512 permitiu o registo a 100 Hz em resolução total. A sensibilidade térmica do sistema NETD foi de 20 mK a uma temperatura do objeto de 25^0 C. A resolução espacial da câmara é de 1 mrad. A ligação a um computador PC foi possível através de uma porta Gigabit-Ethernet. Foi utilizada uma objetiva com um campo de visão angular de 11 - 8,8-.

A câmara foi ligada a um sistema modular de infravermelhos em tempo real IR- NDT (AT-Automation Technology GmbH, Trittau, Alemanha) que suporta todas as técnicas de medição (lock-in, pulso, transiente, etc.). A medição da temperatura de radiação das maçãs foi efectuada em condições externas controladas. Todas as séries de medições foram efectuadas a 21^0 C de temperatura do ar e a uma humidade relativa de 60% à luz do dia. A distância entre a lente da câmara e a superfície da maçã foi de 0,5 m. Foram utilizadas quatro lâmpadas de infravermelhos PHILIPS PAR 38 (IR Red) (175 W cada) como fonte de excitação. As lâmpadas de infravermelhos foram colocadas a uma distância de 0,4 m da superfície da maçã, nos cantos de um quadrado cujos lados tinham 0,38 m de comprimento (Baranowski et al., 2009).

7.2.2.5 Análise de algoritmos

Foram utilizados dois métodos para reduzir a dimensionalidade dos conjuntos de dados, para separar os componentes de ruído das imagens e, especialmente, para produzir bandas de saída não correlacionadas para as quais seria possível a discriminação de nódoas negras. O primeiro foi a análise de componentes principais (ACP), que consiste em encontrar um novo conjunto de eixos ortogonais que têm a sua origem na média dos dados e que são rodados de modo a que a variância dos dados seja maximizada (Green et al., 1988; Boardman e Kruse, 1994).

O número de bandas PC pode ser igual ao número de bandas da imagem original; no entanto, apenas as primeiras bandas PC contêm a maior parte da informação relevante não correlacionada. O segundo método estudado foi a transformação da fração mínima de ruído (MNF), que, na realidade, é outra transformação linear mais complexa que consiste em duas rotações PCA separadas. A primeira rotação utiliza os PCs da matriz de covariância do ruído para descorrelacionar e redimensionar o ruído nos dados. Esta fase resulta em dados em que o ruído tem uma variância unitária e não tem correlações de banda para banda.

Na segunda fase, é efectuada uma transformação PC normalizada dos dados atenuados pelo ruído. Além disso, é possível dividir o espaço de dados numa parte associada a grandes valores próprios e imagens próprias coerentes, e numa parte complementar com valores próprios próximos da unidade e imagens dominadas pelo ruído. Para distinguir as zonas das nódoas negras das imagens PCA e MNF, foi escrito um guião no software ImageJ (Rasband, 1997-2011). Foi utilizada a implementação do algoritmo de limiarização de Otsu. Este divide o histograma em duas classes e a variância inter-classes é minimizada. O plugin do software ImageJ para a contagem de núcleos de partículas foi aplicado a esta imagem, o que permitiu distinguir regiões de tamanhos que variam entre 50 e 5000 pixéis. Este intervalo foi adequado para criar, na maioria dos casos, as máscaras das regiões com nódoas negras. Para obter informações pertinentes sobre as pisaduras dos frutos na gama de 3-5 lm, foi utilizada a termografia de fase pulsada (PPT) (Baranowski et al., 2009; Ibarra-Castanedo e Maldague, 2004).

Neste método, o sinal de resposta térmica pode ser apresentado como uma sobreposição do número de ondas, cada uma com frequência, amplitude e atraso de fase diferentes. A decomposição do sinal de resposta foi efectuada utilizando o algoritmo de Cooley-Tukey da transformada rápida de Fourier. As partes real e imaginária da transformada de Fourier foram utilizadas para calcular a fase (Ibarra-Castanedo e Maldague, 2004). Foi utilizado um impulso de calor retangular individual com a duração de 1 s e foi analisada a resposta térmica caraterística do objeto a este impulso.

Neste método, foi escolhida uma velocidade de fotogramas de 50 imagens/s e um número de fotogramas igual a 500 em cada sequência. São apresentadas as caraterísticas do impulso térmico retangular (em Watts) e a resposta da maçã 'Golden Delicious' à temperatura da superfície nas regiões com e sem contusões. Para tornar mais legível a diferença entre as respostas térmicas destas regiões, são apresentados nesta figura os primeiros quatro segundos do processo.

A análise de fase dos termogramas permite obter informações importantes sobre o processo de penetração do calor nos objectos estudados. Os modelos de classificação para frutos com contusões (BR)/não contusões (NB) e com contusões pouco profundas (SH)/contusões profundas (DP), incluindo separadamente dados VNIR, SWIR e MWIR, bem como combinações de VNIR-SWIR e VNIR-SWIR-MWIR como variáveis, foram criados utilizando os métodos de modelação suave e independente da analogia de classes (SIMCA), a análise discriminante linear (LDA) e a máquina de vectores de apoio (SVM). Os conjuntos de dados de treino e de teste para esta análise continham 240 amostras cada. Para cada amostra, foram selecionadas as áreas que continham regiões feridas ou não feridas.

A média da refletividade de todos os pixels nestas regiões foi calculada para todas as bandas separadamente. Cada conjunto de dados de treino e de teste continha o mesmo número de amostras para cada cultivar. As amostras dentro das cultivares foram escolhidas aleatoriamente. Para evitar uma baixa relação sinal-ruído, apenas os comprimentos de onda entre 410 e 999 nm para o VNIR e entre 1005 e 2445 para o SWIR foram utilizados para a classificação.

As variáveis MWIR (41) continham dados de resposta térmica nos primeiros 2 s (com um intervalo de tempo de 0,02 s) após um impulso térmico retangular individual com a duração de 1 s. As variáveis VNIR representavam dados de 46 canais espectrais com incrementos de aproximadamente 13 nm por pixel, enquanto as variáveis SWIR representavam dados de 47 canais com incrementos de aproximadamente 31 nm por pixel.

A normalização dos quantis foi efectuada nos dados para os padronizar antes do procedimento de classificação. Foi aplicada a normalização quantílica de três distribuições (relativas aos dados VNIR, SWIR e MWIR) sem uma distribuição de referência. Consistiu em ordenar as distribuições e, em seguida, em fixar a média (média aritmética) das distribuições. Assim, o valor mais elevado em todos os casos passa a ser a média dos valores mais elevados, o segundo valor mais elevado passa a ser a média dos segundos valores mais elevados, e assim sucessivamente. Neste estudo, para a criação dos modelos SIMCA, foi considerado o máximo dos primeiros sete PCs.

Para a criação dos componentes da ACP foi utilizado o algoritmo de decomposição do valor singular, que é preferível para conjuntos de dados pouco extensos. Este algoritmo produz resultados mais exactos, mas não é adequado para conjuntos de dados com um elevado número de amostras e variáveis, uma vez que o algoritmo calcula sempre todos os componentes. O método de validação cruzada foi utilizado para criar os componentes da ACP. Foi aplicado o método aleatório com 20 segmentos.

Neste estudo, o método de Mahalanobis foi utilizado para modelar as classes nos modelos LDA. Este método foi escolhido porque a variabilidade dentro dos grupos não tinha a mesma estrutura e o método linear não era aplicável. Neste estudo foi utilizado o tipo de classificação nu-SVC e o tipo de kernel com a função de base radial. O valor nu assumido foi de 0,5 e o valor gama foi de 0,0185. A validação cruzada foi utilizada com dois segmentos.

O peso constante = 1 foi aplicado a todas as variáveis. Partindo do princípio que a validação deve refletir o erro de predição das amostras, estas foram ponderadas tendo em conta o desvio padrão da população. O peso de 1/SDev foi aplicado a todas as variáveis (The Unscrambler Tutorials, 2006). Este procedimento foi aplicado em todos os modelos LDA e SIMCA.

A análise da resposta térmica (gama espetral MWIR) foi efectuada no domínio da frequência. Alguns procedimentos de processamento de imagem realizados neste estudo (segmentação, análise de componentes principais) foram efectuados utilizando o MATLAB 7.9.0, Natick, Massachusetts, EUA. Os modelos de classificação não supervisionada foram criados com a utilização do software The Unscrambler ver. 10.1, CAMO Software AS. Trondheim, Noruega.

7.2.3 Resultados e discussão

Nas amostras analisadas, a firmeza variou de 25,1 a 62,6 N e o valor médio mais elevado de 52,1 N foi registado para a 'Idared'. Esta cultivar foi caracterizada pelo valor mais baixo do teor de sólidos solúveis (12,4 brix). As cultivares 'Topázio' e 'Idared' apresentaram os valores mais elevados de densidade aparente, com 0,1366 e 0,1237 g/cm3, respetivamente. O método de pisadura dos frutos permitiu criar diferenças consideráveis entre pisaduras mais superficiais e mais profundas em todas as cultivares estudadas. As pisaduras mais superficiais variam entre 1,9 e 3,5 mm, enquanto as mais profundas se situam entre 2,9 e 4,4 mm. Pretendia-se descobrir se as diferenças destas propriedades entre cultivares afectavam os resultados das imagens hiperespectrais e térmicas.

A PCA das maçãs de cinco variedades estudadas revelou a sua utilidade para extrair as informações mais relevantes de imagens de várias bandas reunidas num pequeno número de imagens componentes. Estas foram construídas substituindo o valor da intensidade dos pixéis nas imagens pelo valor da pontuação de cada componente principal. Estas figuras apresentam os primeiros seis componentes principais, que são os mais importantes do ponto de vista da deteção de nódoas negras. As condições de iluminação irregulares influenciaram as primeiras quatro pontuações de PC das imagens hiperespectrais VNIR e as primeiras três pontuações de PC SWIR. Este resultado sugere que uma iluminação uniforme pode ser crucial para a utilização das primeiras pontuações de PC em ambas as regiões do espetro.

A análise da "adequação" de determinados componentes PC e MNF foi efectuada examinando a capacidade da sua visualização de imagens para aumentar a capacidade de separação entre a secção danificada e o resto da casca da maçã. As pontuações de PC mais adequadas para a deteção de contusões foram PC4, PC5 e PC6 para a câmara VNIR (400-1000 nm) e PC3, PC4 e PC5 para a câmara SWIR (1000- 2500 nm) (quadro 2). As PC2 e PC3 das bandas VNIR apresentaram mais informações relacionadas com a cor da pele, especialmente a diferenciação das cores da pele (manchas, rubor).

A incorporação de bandas SWIR na PCA permitiu não só uma melhor deteção do tecido acastanhado da nódoa negra, mas também forneceu informações adicionais sobre manchas na pele. A utilização da transformada MNF tornou a informação sobre a localização e a composição da nódoa negra ainda mais legível. Para a gama de comprimentos de onda VNIR, os componentes mais adequados para a deteção de nódoas negras foram o MNF4, o MNF5 e o MNF6, ao passo que, para as bandas SWIR, os componentes mais independentes dos efeitos de iluminação irregular e que puderam ser utilizados para a deteção de nódoas negras foram o MNF4 e o MNF5. Na gama SWIR, o ruído causado pelo baixo sinal de entrada de algumas bandas teve influência nos componentes MNF superiores ao MNF5. Estes componentes não eram adequados para a deteção de contusões.

Utilizando a termografia ativa (PPT e lock-in), as sequências registadas foram analisadas, bem como a criação de ampligramas e diagramas de fase para várias frequências. Em comparação com um estudo anterior (Baranowski et al., 2009) em que foi avaliada a aplicabilidade do método PPT para a deteção de contusões, no presente estudo foi utilizado adicionalmente o método lock-in. Verificou-se que ambos os métodos PPT e lock-in são úteis para a deteção precoce de contusões.

Fig 7.4-A análise de componentes principais (PCA) classifica as imagens para a gama de comprimentos de onda VNR de uma maçã "golden delicious" exemplar

Os espectros médios de reflectância obtidos para as maçãs de quatro cultivares nas gamas VNIR e SWIR são apresentados na Fig. 8. Registaram-se diferenças consideráveis entre estas regiões para a maioria dos comprimentos de onda estudados (400-2500 nm). Nesta figura, foram selecionados os espectros típicos das ROIs que representam o tecido sadio, bem como as contusões superficiais e profundas 1 hora após a contusão. As bandas caraterísticas de absorção de água em 660, 970, 1200, 1470 e 1900 nm aparecem como mínimos localizados.

Os carotenóides e os pigmentos de clorofila são reflectidos através dos vales de absorção em torno de 500 e 680 nm (El Masry et al., 2008). Em geral, as amostras com teores de humidade mais elevados apresentam uma menor reflectância nos seus espectros (Bunnik, 1978). A reflectância da superfície ferida, 1 h após a ferida, foi consideravelmente inferior à do tecido normal em toda a região espetral, mas especialmente de 700 a 1900 nm. A diferença de reflectância entre regiões com diferentes profundidades de contusão (contusões mais superficiais e mais profundas) também se observa em algumas partes das gamas VNIR e SWIR, mas depende da cultivar.

Os conjuntos de dados de treino e de teste continham as amostras de maçãs das cinco cultivares investigadas. As Tabelas 3 e 5 mostram a taxa de sucesso (em percentagem) obtida no conjunto de validação para distinguir entre tecidos sãos (NB) e pisados (BR) para os modelos LDA/SVM e SIMCA, respetivamente. Nos modelos SIMCA, as pontuações de verdadeiro positivo (TP), falso positivo (FP) e falso negativo (FN) são obtidas a um nível de significância de 5%. As melhores pontuações totais para LDA- 95%, para SVM-92% e SIMCA-67% foram obtidas para modelos que incorporaram conjuntamente as variáveis VNIR, SWIR e MWIR.

A análise das pontuações totais para gamas individuais (VNIR, SWIR ou MWIR) indicou a taxa de sucesso mais baixa para MWIR no modelo LDA (63%) e a mais alta para VNIR no modelo LDA (90%). De entre os três métodos de classificação estudados, a pontuação de sucesso foi a mais baixa para os modelos SIMCA (as pontuações de verdadeiros positivos variaram entre 50% e 67%, e as pontuações de falsos positivos variaram entre 30% e 47%).

A taxa de sucesso (em percentagem) obtida no conjunto de dados de teste para distinguir entre nódoas negras superficiais (SH) e profundas (DP) nos modelos LDA/SVM e SIMCA é apresentada nos Quadros 4 e 6. As melhores pontuações totais foram obtidas nos modelos SVM, incluindo variáveis SWIR e VNIR individuais (79% de sucesso para cada uma) e no modelo SVM para toda a gama de VNIR- SWIR-MWIR.

Para os modelos SIMCA de classificação de nódoas negras superficiais (SH) e profundas (DP), a taxa de sucesso mais elevada foi registada para o modelo baseado nos dados VNIR (68% de sucesso) e nos dados VNIR-SWIR-MWIR completos. Deve indicar-se que o baixo número de pontuações positivas verdadeiras nos modelos SIMCA poderia ser melhorado aumentando o nível de significância, por exemplo, para 10%, mas neste caso o número de pontuações negativas falsas aumenta. Os resultados obtidos da classificação supervisionada mostram um melhor desempenho da combinação de intervalos espectrais (das gamas VNIR-SWIR-MWIR) na classificação de maçãs normais versus maçãs com nódoas negras, mas a mesma combinação não parece afetar significativamente a classificação entre nódoas negras profundas e superficiais.

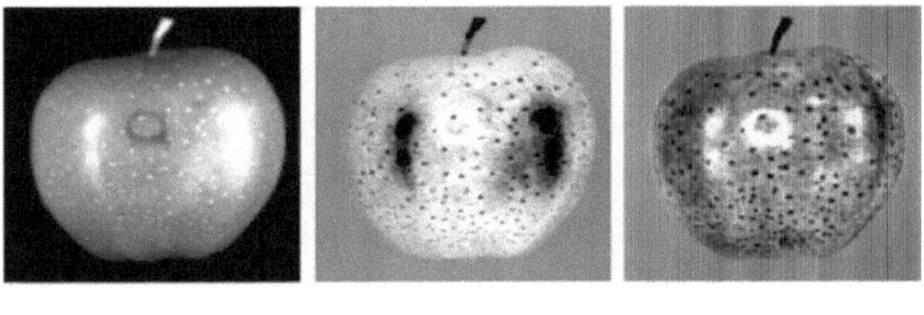

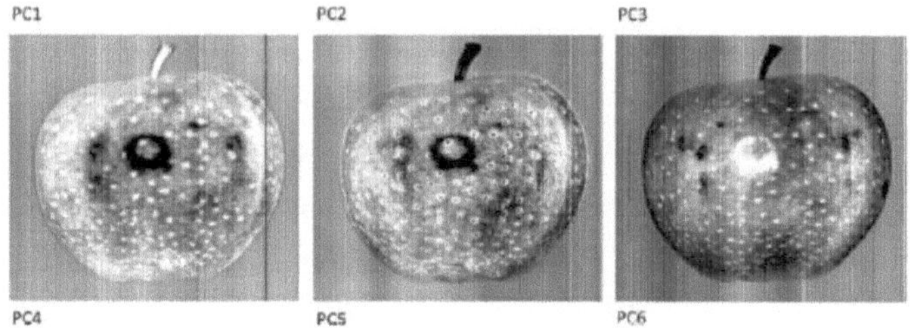

Fig 7.5- A análise de componentes principais (PCA) classifica as imagens para a gama de comprimentos de onda SWIR de uma maçã "golden delicious" exemplar

7.2.4 Conclusões

Para detetar os primeiros hematomas nas maçãs, foi utilizado com êxito um sistema que incorporava a imagem hiperespectral da radiação reflectida nas gamas VNIR e SWIR e a imagem térmica infravermelha da radiação emitida na gama MWIR. Toda a gama do espetro (400-5000 nm) estudada foi útil para a deteção de nódoas negras criadas uma hora antes da experiência. A análise da imagem hiperespectral das bandas de onda VNIR e SWIR foi eficazmente efectuada através da aplicação de PCA. Foram obtidos resultados ainda melhores com a utilização da transformação MNF, cujos componentes podem ser preferíveis para efeitos de segmentação de imagens. A imagem térmica MWIR (3000-5000 nm) é útil para o reconhecimento de hematomas quando se aplica uma abordagem ativa (lock-in ou fase pulsada).

A análise das pontuações totais para gamas individuais (VNIR, SWIR ou MWIR) indicou valores de previsão mais baixos do que no caso de estas gamas serem incluídas conjuntamente nos modelos. Os modelos criados de classificação supervisionada com base nas gamas VNIR, SWIR e MWIR indicam que a melhor eficiência de previsão para distinguir tecidos feridos e tecidos sãos, bem como feridas de várias profundidades, é obtida para modelos que incorporam estas três gamas em conjunto. Este facto sugere que seria razoável considerar a inclusão da gama MWIR nos sistemas de classificação.

8. Referência

Alchanatis, V., Cohen, Y., Cohen, S., Moller, M., Meron, M., Tsipris, J., et al. (2006). Fusão de imagens IR e multiespectrais na gama do visível para cartografia empírica e baseada em modelos do estado da água nas culturas. *Sociedade Americana de Engenheiros Agrícolas e Biológicos.* Paper no. 061171.

Amon, F., Hamins, A., Bryner, N., & Rowe, J. (2008). Condições de avaliação de desempenho significativas para câmaras de imagem térmica para bombeiros. *Fire Safety Journal,* 43, 541-550.

Arora, N., Martins, D., Ruggerio, D., Tousimis, E., Swistel, A. J., Osborne, M. P., et al. (2008). Effectiveness of a noninvasive digital infrared thermal imaging system in the detection of breast cancer (Eficácia de um sistema digital não invasivo de imagem térmica por infravermelhos na deteção do cancro da mama). *The American Journal of Surgery,* 196, 523-526.

Baranowski, P., Lipecki, J., Mazurek, W., & Walczak, R. T. (2008). Deteção de marcas de água em maçãs 'Gloster' utilizando a termografia. Postharvest Biology and Technology, 47(3), 358-366.

Bennett, G. A., & Briles, S. D. (1989). Procedimento de calibração desenvolvido para medições de temperatura de superfície por infravermelhos. IEEE Transactions on Components, Hybrids, and Manufacturing Technology, 12(4), 690-695, Disponível em http://ieeexplore.ieee.org/stamp/stamp. j sp?arnumber%49034&isnumber%1825.

Bows, J. R., Patrick, M. L., Janes, R., Ricky, A. C., Metaxas, A. C., & Dibben, D. C. (1999). Aquecimento por micro-ondas com controlo de fase. *International Journal of Food Science and Technology,* 34, 295-304.

Bulanon, D. M., Burks, T. F., & Alchanatis, V. (2008). Estudo da variação temporal na copa dos citrinos utilizando imagens térmicas para a deteção de citrinos. Biosystems Engineering, 101, 161-171.

Burfoot, D., Brown, K., Xu, Y., Reavell, S. V., & Hall, K. (2000). Sistemas de fornecimento de ar localizado na indústria alimentar. Trends in Food Science & Technology, 11, 410-418.

Chaerle, L., & Van der Straeten, D. (2000). Técnicas de imagem e deteção precoce de stress em plantas. Trends inPlant Science, 5(11), 495-501.

Costa, L. N., Stelletta, C., Cannizzo, C., Gianesella, M., Lo Fiego, D. P., & Morgante, M. (2007). A utilização da termografia na linha de abate para a avaliação da qualidade da carne de porco e do presunto cru. Jornal Italiano de Ciência Animal, 6, 704-706.

Danno, A., Miyazato, M., & Ishiguro, E. (1980). Avaliação da qualidade de produtos agrícolas através do método de imagem por infravermelhos. III. Avaliação da maturidade de frutos e legumes. Memórias da Faculdade de Agricultura da Universidade de Kagoshima, 16, 157-164.

Du, C. J., & Sun, D. W. (2004). Desenvolvimentos recentes nas aplicações de técnicas de processamento de imagem para avaliação da qualidade dos alimentos. Tendências em Ciência e Tecnologia Alimentar, 15, 230-249.

Emekci, M., Navarro, S., Donahaye, E., Rindner, M., & Azrieli, A. (2002). Respiração de Tribolium castaneum (Herbst) em concentrações reduzidas de oxigénio. Journal of Stored Products Research, 38, 413-425.

Emekci, M.,Navarro, S., Donahaye, E., Rindner, M.,&Azrieli, A. (2004). Respiração de Rhyzopertha dominica (F.) em concentrações reduzidas de oxigénio. Journal of Stored Products Research, 40, 27-38.

Fito, P. J., Ortola', M. D., De los Reyes, R., Fito, P., & De los Reyes, E. (2004). Controlo da secagem superficial de citrinos por análise de imagem de termografia de infravermelhos. Jornal de Engenharia Alimentar, 61(3), 287-290.

Frater, M. R., & Arnold, J. F. (2000). Codificação de vídeo de 12 bits de sistemas de imagem térmica. Signal Processing: Image Communication, 15, 907-916.

Foster, A. M., Ketteringham, L. P., Purnell, G. L., Kondjoyan, A., Havet, M., & Evans, J. A. (2006). Novo aparelho para fornecer tratamentos de temperatura de superfície repetíveis em amostras de alimentos inoculados. Journal of Food Engineering, 76, 19-26.

Foster, A. M., Ketteringham, L. P., Swain, M. J., Kondjoyan, A.,Havet, M., Rouaud, O., et al. (2006). Conceção e desenvolvimento de um aparelho para fornecer tratamentos de temperatura de superfície repetíveis em amostras de alimentos inoculados. Jornal de Engenharia Alimentar, 76, 7-18.

Fuller, M. P., & Wisniewski, M. (1998). A utilização de imagens térmicas de infravermelhos no estudo da nucleação de gelo e congelação de plantas. Journal of Thermal Biology, 23, 81-89.

Gariepy, C., Amiot, J., & Nadai, S. (1989). Deteção ante-mortem de PSE e DFD por termografia infravermelha de suínos antes do atordoamento. Meat Science, 25, 37-41.

Geladi, P., & Grahn, H. (1996). Multivariate image analysis. Chichester: Wiley.

Gerlach, N. (2006). Comparação de Sistemas de Imagem Térmica Utilizados em Termografia como um Método de Ensaio Não Destrutivo para Peças Compostas. Conferência Europeia sobre Ensaios Não Destrutivos, Actas da ECNDT 2006, Tu.4.6.4 setembro, 25-29, 2006, Berlim, Alemanha.

Ginesu, G., Giusto, D., Ma'rgner, V., & Meinlschmidt, P. (2004). Deteção de corpos estranhos em alimentos através do processamento de imagens térmicas. IEEE Transactions on Industrial Electronics, 51, 480-490.

Giorleo, G., & Meola, C. (2002). Comparação entre termografia pulsada e modulada em laminados de glasseepoxy. NDT & E International, 35(5), 287-292.

Gowen, A. A., O'Donnell, C. P., Cullen, P. J., Downey, G., & Frias, J. M. (2007). Hyperspectral imaging e an emerging process analytical tool for food quality and safety control. Tendências em Ciência e Tecnologia Alimentar, 18(12), 590-598.

Graves, M., Smith, A., & Batchelor, B. (1998). Abordagens para a deteção de corpos estranhos nos alimentos. Trends in Food Science & Technology, 9(1), 21-27.

Hung, Y. Y., Chen, Y. S., Ng, S. P., Liu, L., Huang, Y. H., Luk, B. L., et al. (2009). Revisão e comparação de cisalhamento e termografia ativa para avaliação não destrutiva. Ciência e Engenharia de Materiais: R: Relatórios, 64(5-6), 73-112.

Ibarra, J. G., Tao, Y., Walker, J., & Griffis, C. (1999). Temperatura interna da carne de frango cozinhada através de imagens de infravermelhos e análise de séries temporais. Transacções da ASAE, 42, 1383-1390.

Ibarra, J. G., Tao, Y., & Xin, H. (2000). Método combinado de imagem IR-rede neural para a estimativa da temperatura interna em carne de frango cozinhada. Optical Engineering, 39(11), 3032-3038.

Kolzer, J., Oesterschulze, E., & Deboy, G. (1996). Técnicas de imagem e medição térmica para materiais e dispositivos electrónicos. Engenharia Microeletrónica, 31, 251-270.

Lamprecht, I., Schmolz, E., Blanco, L., & Romero, C. M. (2002). Fornos de flores: investigações térmicas em plantas produtoras de calor. Thermochimica Ata, 391(1-2), 107-118.

Maldague, X., Galmiche, F., & Ziadi, A. (2002). Avanços na termografia de fase pulsada. Física e Tecnologia de Infravermelhos, 43(3-5), 175-181.

Manickavasagan, A., Jayas, D. S., White, N. D. G., & Jian, F. (2006). Imagem térmica de um silo de grãos armazenados para detetar um ponto quente. Applied Engineering in Agriculture, 22(6), 891-897.

Manickavasagan, A., Jayas, D. S., White, N. D. G., & Paliwal, J. (2005). Applications of thermal imaging in agriculture e A review. Sociedade Canadiana de Engenharia em Sistemas Agrícolas, Alimentares e Biológicos. Paper no. 05-002.

Manickavasagan, A., Jayas, D.S., White, N.D.G., & Paliwal, J. (2008a). Identificação de classes de trigo usando imagens térmicas. Tecnologia de Alimentos e Bioprocessos, doi:10.1007/s11947-008-0110-x.

Manickavasagan, A., Jayas, D. S., White, N. D. G., & Paliwal, J. (2008b). Identificação de classes de trigo utilizando imagens térmicas: uma técnica potencialmente inovadora. Transacções da ASABE, 51(2), 649-651.

Manickavasagan, A., Jayas, D. S., & White, N. D. G. (2008c). Imagens térmicas para detetar infestação por Cryptolestes ferrugineus dentro de grãos de trigo. Journal of Stored Products Research, 44(2), 186-192.

Marinetti, S., Grinzato, E., Bison, P. G., Bozzi, E., Chimenti, M., Pieri, G., et al. (2004). Análise estatística de sequências termográficas de IV por PCA. Física e Tecnologia de Infravermelhos, 46(1-2). Workshop sobre tecnologia e aplicações avançadas de infravermelhos, dezembro de 2004, 85-91.

McCullagh, J. J. P., Setchell, D. J., Gulabivala, K., Hussey, D., & Biagioni, P. (2000). Uma comparação entre a análise termográfica por termopar e por infravermelhos do aumento de temperatura na superfície radicular durante a técnica da onda contínua de condensação. International Endodontic Journal, 33, 326-332.

Meinlschmidt, P., & Maergner, V. Deteção de substâncias estranhas em alimentos usando termografia. Conferência ThermoSense XXIV, 2002, Orlando, Flórida, EUA, 565-571.

Meinlschmidt, P. & Maergner, V. Técnicas termográficas e algoritmos adaptados para a deteção automática de corpos estranhos em alimentos. Conferência Thermosense XXV, 2003, Orlando, Florida, EUA, 168-176.

Neethirajan, S., Karunakaran, C., Jayas, D. S., & White, N. D. G. (2007). Técnicas de deteção de insectos de produtos armazenados em cereais. Food Control, 18(2), 157-162.

Ng, E. Y.-K. (2009). A review of thermography as promising non-invasive detection modality for breast tumor. Jornal Internacional de Ciências Térmicas, 48, 849-859.

Norman, S. K. (1998). A System Engineering Approach to Imaging (SPIE Press Monograph Vol. PM38) (Publicações SPIE). Nott, K. P., & Hall, L. D. (1999). Avanços na validação da temperatura dos alimentos. Trends in Food Science & Technology, 10, 366-374.

Oerke, E. C., Steiner, U., Dehne, H. W., & Lindenthal, M. (2006). Imagens térmicas de folhas de pepino afectadas pelo míldio e pelas condições ambientais. Journal of Experimental Botany, 57(9), 21212132.

Piotr Baranowski, Wojciech Mazurek, Joanna Wozniak, Urszula Majewska, (2012) , Deteção de contusões precoces em maçãs utilizando dados hiperespectrais e imagens térmicas, *Journal of Food Engineering* 110, 345-355

Rahkonen, J., & Jokela, H. (2003). Radiometria de infravermelhos para medir a temperatura das folhas das plantas durante o tratamento térmico de controlo de infestantes. Biosystems Engineering, 86(3), 257-266.

Rajendran, S. (1999). Deteção de infestação por insectos em produtos alimentares armazenados. Journal of Food Science and Technology, 36(4), 283-300.

Rogalski, A. (2003). Detectores de infravermelhos: estado e tendências. Progress in Quantum Electronics, 27, 59-210.

Shepard, S. M., Ahmed, T., & Lhota, J. R. (2004). Considerações experimentais sobre a invibrotermografia. vibrotermografia. Actas da SPIE, 5405, 332.

Stajnko, D., Lakota, M., & Hocevar, M. (2004). Estimativa do número e diâmetro dos frutos de maçã num pomar durante a estação de crescimento através de imagens térmicas. Computadores e Eletrónica na Agricultura, 42(1), 31-42.

Sugiura, R., Noguchi, N., & Ishii, K. (2007). Correção de imagens térmicas de baixa altitude aplicadas à estimativa do estado da água no solo. Biosystems Engineering, 96(3), 301-313.

Ueno, A., Shu, Z., & Takahashi, T. (2008). Determinação do espetro comprimentos de onda para a deteção de defeitos de pisaduras em frutos de maçã. Jornal da Sociedade Japonesa de Maquinaria Agrícola, 70(5), 63-68.

Vadivambal, R., Jayas, D. S., Chelladurai, V., & White, N. D. G. Estudos de distribuição de temperatura em grãos aquecidos por micro-ondas usando uma câmara térmica. Reunião Anual da ASABE, Número do Artigo: RRV- 07100, 2007, Dakota do Norte, EUA.

Valdes, M. D., Inamura, M., Valera, J. D., & Lu, Y. (2006). Abordagens de filtragem multidimensional para o pré-processamento de imagens térmicas.

Multidimensional System and Signal Processing, 17(4), 299e325. Van Linden, V., Vereycken, R., Bravo, C., Ramon, H., & De Baerdemaeker, J. (2003). Técnica de deteção de danos causados por nódoas negras no tomate através de imagens térmicas. Ata Horticulturae (ISHS), 599, 389-394.

Varith, J., Hyde, G. M., Baritelle, A. L., Fellman, J. K., & Sattabongkot, T. (2003). Deteção de nódoas negras sem contacto em maçãs através de imagens térmicas. Innovative Food Science and Emerging Technologies, 4, 211-218.

Varith, J., Noochuay, C., Netsawang, P., Hirunstitporn, B., Janin, S., & Krairiksh, M.. Conceção de uma cavidade de micro-ondas multimodo-circular para processamento agroalimentar. Actas da Conferência de Micro-ondas da Ásia-Pacífico Conferência de Micro-ondas, APMC 2007, Ásia-Pacífico, 1-4.

Veraverbeke, E. A., Verboven, P., Lammertyn, J., Cronje, P., De Baerdemaeker, J., & Nicolai, B. M. (2006). Avaliação termográfica da qualidade da superfície da maçã. Journal of FoodEngineering, 77,162-168.

Wang, S., Tang, J., Sun, T., Mitcham, E. J., Koral, T., & Birla, S. L. (2006). Considerações sobre a conceção de tratamentos comerciais de radiofrequência para o controlo de pragas pós-colheita em nozes com casca. Journal of Food Engineering, 77, 304-312.

Warmann, C., & Ma'rgner V. Quality control of hazel nuts using thermographic image processing 3e17, MVA2005 IAPR Conference on Machine Vision Applications, May 16e18, 2005, Tsukuba Science City, Japan.

Wiecek, B. Review on thermal image processing for passive and active thermography (Revisão do processamento de imagens térmicas para termografia passiva e ativa), Actas da 27.ª Conferência Anual de Engenharia em Medicina e Biologia do IEEE de 2005, 1-4 de setembro de 2005, Xangai, China.

Zhao, J.W., Liu, J. H., Chen,Q. S.,&Vittayapadung, S. (2008). Deteção de contusões subtis em frutos com imagens hiperespectrais. Transacções da Sociedade Chinesa de Maquinaria Agrícola, 39(1), 106-109.

MIX
Papier aus verantwortungsvollen Quellen
Paper from responsible sources
FSC® C105338

Printed by Books on Demand GmbH, Norderstedt / Germany